1秒でつかむ

「見たことないおもしろさ」で最後まで飽きさせない32の技術

テレビ東京・ディレクター
高橋弘樹

ダイヤモンド社

はじめに

はじめにお伝えしておきます。この本は私利私欲のために作られています。わけあって、この本を作らなければなりませんでした。

では、どうしたらこの本で私利私欲が満たされるのか。それは読み終わった後、みなさんに

①「見たことないおもしろい企画」を作る
②「見えない魅力」を引き出す
③「興味がない人」に、その魅力を「伝える」
④1秒で「惹きつけて」、1秒も「飽きさせない」
⑤人の心に「深く」突き刺さる

ための武器が身についていることです。

なぜそれが私利私欲を満たすのかは、読み進めてるうちにおわかりいただけると思います。本書は、大きく「企画術」と「伝える技術」から構成されています。

ぼくはテレビ東京で『家、ついて行ってイイですか？』*や、『日経テレ東大学』などの番組を企画・演出してきました。

『家、ついて行ってイイですか？』は２０１４年1月に放送が開始され、２０２２年で9年目。この番組の特徴は出演者が「圧倒的『市井（しせい）の人』」であるという点、「圧倒的フツーさ」です。ほんとうに、そこらへん歩いていた、とんでもなく「市井の人」です。

終電を逃した人に「タクシー代をお支払いするので、『家、ついて行ってイイですか？』と聞く。そして、ＯＫならその場でついていくだけの番組です。

後者は、政治家やタレントとの忖度ない議論が売りの『Ｒｅ：Ｈａｃｋ』や、天才研究者のやってる事をわかり易く深掘りしていく『まったりFUKABORI』などの番組が並ぶＹｏｕＴｕｂｅチャンネル。開設から1年４ヶ月でチャンネル登録者数は60万人を超えました。

テレビとｗｅｂ。両方でコンテンツを企画し、実際に演出してきました。

*観てくださっている方、ありがとうございます。観たことない方も、ぜひ！

いますべてのコンテンツ産業では革命が起ころうとしています。

それはAIや生体認証技術の進化による「マーケティング革命」です。

ひと言でいうと、**1秒単位で消費者の気分と向き合う時代が来た。**ということです。

なんとなく計測されていた、それまでの「消費量」(テレビなら視聴率)ではなく、その消費が「どのような気分でなされ」、「どう次の消費行動に結びつくのか」までの分析が、可能になってきたからです。

webはもちろん、動画のリアルな再生回数や視聴者の離脱の仕方が、すぐに計測され、提示されます。

しかしテレビでは、さらにシビアな計測もなされています。それが**「視聴質」というデータ**です。これは、

VI値(滞在度=テレビの前の人数&滞在時間)×
AI値(注視度=テレビの前での視線や表情)

最先端の人体認証技術を搭載したセンサーをテレビの上部に設置し、テレビの前にいる複数の視聴者の視線や表情を1秒ごとに測定し、算出しているのです[*]。作り手が「言い訳」する余地のない、こわすぎるデータですが、この視聴質データランキングの、2018年の1月クール（1～3月）はこうでした。

*TVISION INSIGHTS社が測定

1位『西郷どん』（視聴質1.66 VI 1.35 AI1.23）
2位『世界の果てまでイッテQ』（視聴質1.51 VI 1.55 AI1.00）
3位『家、ついて行ってイイですか？』（視聴質1.50 VI 1.26 AI1.19）

『家、ついて行ってイイですか？』は、街を歩いてたフツーの「市井の人」が主人公。そんな番組が、名だたるドラマや、豪華なタレントやセットの番組がある中で、全テレビ番組中3位。「目玉が動かなかった指数」であるAIは、全バラエティ中1位でした。

誰しもが、面白いに決まってる明石家さんまやマツコ・デラックスのトークを、何やってもとりあえずかっこいい嵐やかわいい乃木坂46を観たいに決まっています。

でもそれより、終電逃したおじさんを見ている目玉の方が、テレビを凝視して動かなかったということです。

そんな「市井の人」、つまり誰にも知られておらず、そもそもそこに「興味」が向いていない人を、どうやったら魅力的に描けるか。それをひたすら考え続けるのが、僕の仕事です。

『日経テレ東大学』も「没頭してみられるｗｅｂ動画」をコンセプトに、10分ほどの短尺が主流のＹｏｕＴｕｂｅでは異例の60分近いコンテンツで勝負し、１００万回再生をコンスタントに達成しています。

でもぼくは、入社するまでまったく映像を作ったことはありませんでした。

入社してからもマーケティングを勉強したことなど１ミリもありませんでした。

本書で、この分厚い５２０ページに詰め込んだことは、ただただ。ただひたすらに、その「市井の人」の魅力のように、ひとびとに「まったく知られていないおもしろさ」を発見し、それをより多くの人に観てもらいたい。そのために企画書をつくり続け、番組をつくり続けた「経験」です。

そのために、考えうるすべての技術を、テレビ朝日の横にある六本木TSUTAYAでひたすら書き続け、32の技術にまとめ、一滴残らず詰め込みました。

それを、**読むだけでなく、「体験」してもらうのが本書の目的です。**

この本がめざすのは、「圧倒的実用力」。読んだあと「やる気がでた」とか、「なにか、変わった気がする」と、「思ってもらう」ことではありません。

「リアルに強力な武器を得た」という状態に、なる。

そのために、さまざまな仕掛けもこらしました。

本書で扱うのはテレビ番組が中心です。しかしwebなどで**動画コンテンツ**を作っている方、ネットで文章を書いている方、**商品のPRや広報**の方、**営業**や**企画職**の方、**プレゼン**を磨きたい方。それぞれのニーズにあわせ、必要な章から読んでいただいても大丈夫です。

見たことないおもしろさを作る**「企画術」**ならば、第1章。

見えない魅力を引き出す**「取材術」**に興味があれば、第2章。

魅力的な**「伝え方」**を研究したいならば、第3章と第4章。

「多くの人の心に、深くササってバズらせたい」ならば、第5章。

でも、頭から読んでいただけると、より深く本書を「楽しんで」いただけるはずです。


「1秒たりとも、飽きないで観てもらいたい」


テレビマンはつねづね、そう思ってテレビ番組をつくっています。

なぜなら、テレビとは、世の中でもっともいらない業種。

常々、そう思っているからです。なくなっても誰も困らないからです。米や電気とちがって、テレビがなくなっても、お腹が空いたり、体調が悪くなったりして、生命の危機にさらされるようになるわけではないからです。

テレビ局のバラエティ制作部門というのは、世界でいちばんいらない職業なんです。

しかし、だからこそ、常に「おもしろくするためにはどうしたらいいのか」、そのプロフェッショナルになろうと努力します。

だから、「1秒にこだわる」。

どの業界よりシビアに、1秒単位で「興味をもってもらう」「飽きさせない」ことに関して徹底的にこだわって突き詰められた技術は、本来そこまで突き詰める必要がない「テレビ以外のコンテンツ」に導入すれば、圧倒的に差別化する武器になります。

ちなみに、この書籍に書かれている技術は、すべて銀河系一しょぼいでおなじみのテレビ東京に勤めながら、生み出された技術です。

ですので、お金がなくても大丈夫です。いままでぼくがテレビ東京で作った番組でもっともしょぼかった予算は、『美しい人に怒られたい』*という30分番組で50万円。

他局の5分の1以下どころか、下手したら大学のサークル以下です。

「お金がない。もうだめだ」

*のちにレギュラー化した『吉木りさに怒られたい』の原型となった深夜番組。

そう思っているあなた。まずは、第1章だけでもよんでみてください。なぜテレ朝の横のTSUTAYAで書いたのかもわかるはずです。

本書が皆様のお仕事のお役に立つとともに、読み終わった時にもっとテレビやweb動画を楽しく観てもらえるようになっていて、そしてできれば脳内に『Let It Be』がかかっていたら幸いです。

高橋弘樹

目次

第3章 より多くの人にストーリーの魅力を伝える技術

持続編

ラスト編

5 第5章 人の心に突き刺さる「深さ」の作り方

第1章

1秒でつかむ「見たことないおもしろさ」の作り方

――全部「逆」を行けばいい

「おもしろい！」と人に思ってもらうためには、いろいろな手法があります。
しかし、もっともシンプルで価値の高い方法は何か。とっても明快です。

いままでにないものを、作ること。

このひと言に尽きます。食品メーカーでも、飲料メーカーでも、小売業でも、サービス業でも、どんな業界でも同じです。

食品メーカーなら「インスタントラーメン」を作った安藤百福が一番偉いですし、サービスなら「24時間営業」を初めて開始したセブン-イレブンが一番偉い。

偉いだけじゃありません。いままでにない商品やサービスは、人々のニーズに合致した時、圧倒的なスピードで巨大な売上げをもたらします。ライバルがいないんですから。

「いや、それができるなら苦労しないだろ！」

その通りです。難しいです。でも、ちょっとしたコツみたいなものはある。13年間テレビを作ってきて、そう思っています。この本では、そのすべてを書き切ります。

ぼくが身を置くテレビ番組作りでも、「見たことないジャンルの番組を作る」という戦略に勝るものはありません。

テレビは比較的新しい業界とはいえ、すでに60年以上の歴史があります。バラエティから音楽、ドラマに至るまで、いろいろな番組が作られてきました。

そして、大きなジャンルの中でも、ドラマなら「刑事モノ」や「恋愛モノ」など、さまざまな小さなジャンルが開発されていきました。

その中で、ニーズのある番組は、すでに「ジャンル」として確立しています。

こうした時に、とるべき戦略は、2つあります。

1つは、すでにあるものを、より資源をかけて高いレベルへ引き上げること。

つまり、**すでにあるジャンルを、より豪華にする戦略**です。

もし、あなたが勤めている会社が、その業界におけるリーディングカンパニーであったなら、それは勝ち続けるための有効な戦略になるでしょう。

しかし、世の中には、リーディングカンパニーに勤めていない人が9割9分です。ましてや、銀河系一ザコでおなじみのテレビ東京では、そうした戦略をとれるはずもありません。では、どうするか。

難しいとわかりながら、常に新しいものを作り続ける。

選択の余地なく、宿命的に、この戦略をとるしかないのです。

テレビ東京というのは本当にバカっぽい組織だと思います。視聴率が悪くても、見たことない新しい番組なら、翌日上司が「もう1回やる?」と平然と言ってくる謎の会社です。でも、だからこそ、テレビ東京には「スベってもいいから新しいものを作り続けよう」という性癖ともいうべき根強い思想信条が、社員に蔓延しているように思います。

「すみません、夜中に人妻のすっぴんが見られる番組が作りたいんです」

こう会社に提案したことが、ぼくの社歴の中での、代表的な仕事の1つでした。ぼくがいまやっている番組『家、ついて行ってイイですか?』を作る際、一番はじめに上司に相談した言葉です。

「何を言われても逆らえないほど圧倒的な美人に、ただただ怒られる番組を作りたいんです」

これは、『吉木りさに怒られたい』という番組の原型となる番組を作った時。

「ポンコツ戦国武将の代名詞・今川氏真を、超絶かっこよく描いてみたい!」

これは、『「人生を諦める技術」講座』という番組を作った時の思い。

「たかだか〝パシリ〟で、人を感動させてみたい」

これは、『パシれ!・秘境へリコプター』という、人々の願いをヘリでパシる、という番組を作った時の思い。

そんな番組を企画し、企画が通れば実際に台本を書いたり、物語をつくったり、構成をたてたり……。こんなことを24時間考えているところ、それがテレビ局です。テレビ局の、番組制作の仕事というのは、常に「何か、新しいおもしろいことないかな」「どうしたら、もっとおもしろくなるかな」を考えている仕事です。

でも、すでに60年以上の歴史があり、あらゆるジャンルの番組が確立している中で、どうやって見たことないおもしろい企画を生み出すか。ぼくが常々試みてきたのは、

すでにあるジャンルの、もっとも根本的な価値の否定を企てる

ということです。そして、これこそが、リーディングカンパニー以外の会社が市場で勝つための、最大の戦略です。

ですから、この方法論から、本書を始めます。

1

新ジャンル開発力

「最も根本的な価値」を否定する

普通、どんな業界でも、「成功しているものを改良しよう」というベクトルの思考が圧倒的に多い。あたりまえです。より良いものを作ろうとしているんですから。付加価値をプラスする方向、「足し算」の発想で考えるのが普通です。

しかし、銀河系一ザコなテレ東に勤め、大学で留年したために定年までの時間が同期よりも1年短いぼくには、あえてそんなに競争相手が多いところで戦う余裕はありません。「ならば」と、常に逆説の思考で戦略を考えるべきです。

そのためには、自明のように思われているものの価値を覆すのが近道。「圧倒的に見たことない新しいもの」を作ればいいのです。

つまり、**「ジャンルの常識」を根底から覆す実験**をしてみるのです。

たとえば、ぼくが企画した『家、ついて行ってイイですか？』という番組があります。

いろいろな駅の近くでディレクターが待機し、終電を逃した人を見つけたら、

「タクシー代をお支払いするので、家、ついて行ってイイですか？」

と聞いてみて、ＯＫならその場でついて行く、という番組です。

この項は…

- **メーカー・サービス・金融業 etc. で「新製品」を作りたい**
- **動画・広告・営業・PR で「新企画」にチャレンジしたい**
- **起業を考えていて「新たなビジネス」の種を発見したい**

人におすすめ

その場で、ベロベロの人などについて行くことで、人が普段社会で見せる「外づら」とは異なる、家で見せる「内づら」をのぞきみてみようというドキュメンタリー的な番組なのですが、この番組は、従来のドキュメンタリーの根本的な価値を真っ向から否定することが演出の根幹をなしています。

ひと言でいうと、この番組が標榜するのは**「即興のドキュメンタリー」**であるということ。

どういうことかというと、ドキュメンタリーの不文律と言っても過言ではない**「じっくり長期にわたって取材したものが良質なドキュメンタリーである」という、根本的な価値観の真逆を狙った**ものだということです。

この発想のきっかけは、そもそも、ぼくの中に、地方局も含む他局の良質なドキュメンタリーに対するコンプレックスがあったからこそです。

日本に不法滞在する中国人を15年にわたって追いかけたフジテレビの『泣きな

がら生きて』は大好きですし、ニュータウンという人工都市で庭にキッチンガーデンを作り上げ自然と向き合いながら暮らす老夫婦に2年間密着した東海テレビの『人生フルーツ』も、ブラジル政府と10年間交渉して「最後の石器人」とさえ言われるアマゾン奥地の部族に150日間という長期にわたり密着することに成功したという謳い文句で「もう観るしかないでしょ」と思って観たら、いきなり赤ちゃんを燃やすクレイジーすぎるシーンから始まり、次に「おい、この取材陣殺すか?」という衝撃的な取材先の部族のコソコソ話で見る者の度肝をぬくNHKの『ヤノマミ〜奥アマゾン原初の森に生きる〜』や、アメリカのドキュメンタリー監督、ジョシュア・オッペンハイマーが10年以上にわたりインドネシアに通いつめ、かつてスハルトによる1965年のクーデターの際、「共産党狩り」と称した虐殺に参加し、現在もインドネシアでは英雄視されている人々に、「いやぁ、すごいですね！　その虐殺すごいですね！　ぜひ再現映画作りましょうよ！」と持ちかけ、かつてクーデターという昂揚の中で行われた殺人の加害者に、昂揚なき現在の日常空間で実際に殺人を犯した瞬間を再現させることで、はじめは嬉々として撮影に応じていた虐殺のヒーローが精神崩壊するまでを描いた、トリッキーすぎる手法がえげつなさすぎる海外の

『アクト・オブ・キリング』といったドキュメンタリーも、人生で一度はこんなドキュメンタリーを撮ってみたい、と嫉妬します。すごいです。名作です。ぜひ全部観ることをおすすめします。

でも、実際問題、テレ東のバラエティ制作部署にいる自分には、これらの名作と同じ手法をとることは不可能でした。

『泣きながら生きて』のように10年以上密着できるマンパワーは、常に人数不足のテレ東制作局にはありません。「未知の部族を取材させてください」とブラジル政府に10年以上お願いする体力もありません。10年お願いしたところで「ＯＫ」とブラジル政府に言わせる信用力もそもそもテレ東にはありません。かといって、10年以上インドネシア政府をだますほどの度胸も時間もありません。

ぼくも、ドキュメンタリーを撮影したことはあったのですが、長期密着スタイルのものは、いつかはやってみたいと思いつつ、撮影する機会に恵まれませんでした。

「じゃあ『超短期密着ドキュメンタリー』というジャンルを作っちゃえ」という真逆の価値を生み出そうとしたのがこの番組です。

勝負は、終電後の街で「ＯＫ」と言ってもらえた瞬間から、その方が眠くなるまで。短い時には1時間。長くて5〜6時間。平均2〜3時間。まさに超短期密着です。

でも、ただ単に密着時間が短いだけでは、長期密着ドキュメンタリーにフツーに負けます。長期間、時間をかけて撮影したドキュメンタリーが良質なものだ、というのは、かなりの割合、事実ですから。ならば、短期密着であることを活かす「武器」が必要です。それが「即興」でした。

「出会ったその場で、いますぐついて行く」

長期密着なら、そんな負担の重いことすぐに決断できません。これは、短期決戦だからこそ使える武器です。

音楽にも演劇にも **「インプロ」** と呼ばれる即興のジャンルがあります。ならば、ドキュメンタリーにも即興があってよいのではないかと思うのです。

ぼくは『家、ついて行ってイイですか？』を作る以前、『空から日本を見てみよう』という番組を作っていました。その時の取材経験から、どうしても「物足りないな」と思っていることがありました。

その番組では、奥多摩の山奥や瀬戸内海の離島などさまざまな場所で、一般の方のお宅へ取材に伺う機会があったのですが、「○月×日に、お宅へ行きます」と**取材のアポを取ると、みんな家を綺麗に片づけてしまう**のです。すると生活感がなくなり「おもしろくないな……」と感じたことが、たびたびありました。

普通の常識人として、「客人が来る際に家を片づける」というのはあたりまえのことなのですが、取材者としては一抹の物足りなさを感じたのです。リアリティのある、本来の生活感あふれる素のままの家は、アポを入れたら、決して撮れないのです。

だからこそ、短時間取材であることを逆手にとって「いますぐ」ついて行く。そうすると、取材対象となる人が「出演者」として準備する時間、言い換えれば**自分を演じる準備をする時間を極力減らすことができます。**

「部屋を片づける」という行為は、自分を演じる行為の一種です。「部屋を片づけて、何を言うかじっくり考えて撮影に臨む」という行為は、その準備期間が長ければ長いほど、「演じる準備期間」が長いということにもなると思うのです。

それがほぼできない、「即興だからこそ描ける、市井の人々のリアルな生活」が、この番組では表現できるのです。これこそが、この番組の「いままでにないおもしろさ＝価値」だと思います。

しかしこれは、ただ単に、それまでドキュメンタリーの手法であたりまえとみなされてきた、「長期密着こそいいものだ」という価値を真っ向から否定しただけです。

だから、もし「見たことないものを作ろう」と思うなら、そのジャンルをじーっと観察して、それまでは気づけなかった**「あたりまえだ」と受け入れているルールや基本構造を発見すること**が、第一歩になるのだと思います。

でもこれは、「じーっと」観察してみないと、見えてこないかもしれません。なんせあたりまえと思われているので。でも、その**常識が自明とされていればいるほど、そのジャンルの「基本中の基本」だと思われているほど、それを否定した時のインパクトは大きくなります。**

なぜなら、誰も、それを覆そうなんて思いもしないからです。

ドキュメンタリーの常識		『家、ついて行ってイイですか？』のやり方		新しい価値
長期密着。長いものは15年	⇔	超短期密着。短いものは1時間	➡	**生活感あふれる「素の家」が撮れる！**
事前に取材のアポをとる	⇔	いますぐ、その場でついて行く		

2

千利休式「引き算」力

「一番伝えたい価値」だけ残す

『家、ついて行ってイイですか？』には、ナレーションがありません。

そして、音楽もほぼありません（メインは、締めにかける「Let it Be」1曲。その他3か所のみ）。

いまでもほぼありませんが、番組が始まった当時、**ゴールデン番組でナレーションを外すなんて論外。皆無**でした。

ではなぜ、ナレーションを、そしてさらに音楽までほとんど外したのか。

それは、ナレーションや過剰な音楽は、本来撮影されたもの以上の価値があるかのように思わせる**「感情誘導」**ができてしまうからです。

ナレーションは、言ってもいない心の言葉を勝手に推察して代弁することができてしまうし、どんなポンコツなシーンでも、ハンス・ジマー[*1]や久石譲[*2]の音楽にかかれば、勇猛なシーンにも悲しいシーンにもなってしまいます。作り手が、意図的に、そのシーンの感情を誘導するツールになってしまうのです。

それは、裏を返せば、**どんどん素材のリアルさが失われる**ということです。

ノーナレーションは、海外のドキュメンタリーでは多く使われる手法ですし、ノーナレ

この項は…

- 「見たことないコンテンツ」を作りたい
- メッセージが突き刺さる「プレゼン資料」を作りたい
- 動画・PR・広告 etc. で「リアリティ」を追求したい

人におすすめ

ーション・ノーミュージックも、『大いなる沈黙へ』[*3]のように、ないわけではありません。

しかし、僕は『大いなる沈黙へ』は途中で完全に寝ましたし、商業世界にあくまで身を置くテレビ業界において、ナレーションや音楽は無闇に外すべきではありません。

ここが大切なのですが、あくまでも、**そのデメリットを上回るメリットがある場合にのみ、引き算すべき**です。

『家、ついて行ってイイですか？』では、「ナレーションと音楽を引き算するデメリットを、メリットが上回る」と思われる3つのポイントがありました。

1つめは、**深夜独特の緊迫感**の創出です。ノーナレーション・ノーミュージックは、いままでのテレビではあまり見たことのない「違和感」を生み出しました。

2つ目は逆説的に、ほとんどの音楽を外すと、**「群生する朝顔より一輪つんだ朝顔のほうが美しさが伝わる」という千利休の朝顔理論**のごとく、番組の締めで使う「Let it Be」によって伝えたい、ほぼ唯一のメッセージ――「この番

＊1　映画音楽の作曲家。壮大なメロディが特徴的で、代表作に『パイレーツ・オブ・カリビアン』『グラディエーター』『ラストサムライ』などがある。

＊2　作曲家、ピアニスト。『風の谷のナウシカ』以降の宮崎駿作品や、『菊次郎の夏』などの北野武作品、サントリー「伊右衛門」のCMなどの音楽で知られる。

組はあるがままのその人の人生を、あくまで肯定する」――が、より浮かびあがるというメリットです。

そして3つめは、**「圧倒的なリアルさ」を求める時代性**です。

インターネットの出現以来、視聴者は、テレビ作りの裏側の情報を多く得ることができるようになり、とても目が肥えています。小手先の演出はすぐに台本だと見破られますし、ナレーションを放送作家が書いていることも知っている。テレビは、常に「これはリアルか？」と問われながら観られている時代になったと感じます。

そんな時代だからこそ、圧倒的にリアルさを追求した演出手法が、逆に視聴者に刺さるのではないかと思いました。つまり、ノーナレーション・ほぼノーミュージックは、ネット世代の「超リアル」を求める視聴者への、1つの答えです。

この番組では、その「超リアル」を追求するために、ナレーションと音楽以外にも、いくつかの引き算をしています。

その1つが、「必然」の排除です。

＊3 厳格なフランスの修道院のドキュメンタリー映画。修道院との約束で一切のナレーションと音楽を排除した169分の「超ドSドキュメンタリー」

つまり、**取材対象者を仕込まない。こちらが選ばない**ということです。

普通、ドキュメンタリーを撮影する場合、まずリサーチして、それなりに取材するに足る理由を持った主人公を探す、という作業があります。つまり、「観る必然性」をもたせるドキュメンタリーを標榜するのです。

『家、ついて行ってイイですか?』では、あえてそれを行いません。

いわば、「偶然のドキュメンタリー」です。

あくまで主人公は、たまたま街を歩いていた方。だからこそ、自分たちの半径10メートル以内にいる人々の、圧倒的にリアルなドキュメンタリーを描けるのではないかと思います。

本書では、これからたくさんのエピソードを具体的に紹介しますが、たまたまついて行ったら、壮絶なエピソードを持っていた方が多くいます。

我々が普段、社会で「外づら」に接していると、何食わぬ顔で生活していても、「内づら」の部分では誰もが何らかのドラマやエピソードを持っているのではないか。番組を作りながら、そう思わされます。

しかし、番組に登場するのは、壮絶な人生ドラマを持った方ばかりではありません。帰宅して鬼嫁に怒られる瞬間だけを切り取ったＶＴＲや、ただ単に新婚のラブラブを見せつけられて取材を終えるＶＴＲもあります。

それらは本当に「超普通の日常」なのですが、他人の家の、他人のリアルな鬼嫁っぷりや他人のラブラブっぷりは、なかなか見れるものではないので、それは**「半径10メートル以内の出来事だけど、観たことない映像」**なのです。

これらは、従来の価値を「引き算」して、「即興」と「偶然」という手法をとるからこそ観ることができる、貴重な映像なのだと思います。

ドキュメンタリーの常識		『家、ついて行ってイイですか？』の引き算		生まれたメリット
雰囲気あるナレーションと音楽	⇔	ノーナレーション・ほぼノーミュージック	→	**深夜の緊迫感・一番伝えたいメッセージの強調・圧倒的リアルさ**
主人公を意図的に選ぶ（必然）	⇔	街を歩いている人が主人公（偶然）		

3 親鸞式「ネガティブLOVE」力

「ウザい」の魅力を引き出す

南無阿弥陀仏。なーむー。

これが、この項目のキーワードです。

意味がわからないと思ったかもしれませんが、大丈夫です。とりあえず話を続けます。

商品やコンテンツをバズらせたかったり、熱狂的なファンがついて欲しいと思うなら、「見たことなくて、かつおもしろいもの」だと思ってもらうことが必要だと思います。

そこで役立つ、超簡単な思考法があります。超簡単です。

それは、**人が「ウザい」「嫌い」「ダサい」「ダルい」と感じるものの魅力を引き出す**ことです。

ひと言で言えば、「ネガティブなものの魅力を引き出す」ということです。

なぜ、それがバズったり熱狂的なファンを生み出すことにつながるのか？

超かっこよく言えば、それが一種の「革命」だからだと思います。

『吉木りさに怒られたい』という番組を作ったことがありました。

この番組は、深夜の1時30分から始まる、しかも5分番組という、とても「挑戦しが

この項は…

- 圧倒的な「ブルーオーシャン」を発見したい
- 「売りにくい商品」の魅力を伝えたい
- 「マーケティングの限界」を覆したい

人におすすめ

いのある」枠での放送でした。恨んでいる人を五寸釘で呪うのに適していると言われるほど誰もが寝静まる真夜中丑の刻の5分番組。そんなもん、なかなか観てもらえません。

しかも、内容は、グラビアアイドルの吉木りささんが、ひたすらテレビカメラに向かって主観映像でブチ切れまくるだけ、という番組です。

怒る内容はさまざま。

・「でる男はすぐ打つプライド高すぎ男」に怒る美女
・「やたら隠れ家に連れて行きたがり、チェーン店をディスる男」に怒る美女
・「何でも否定から入る万年野党男」に怒る美女　　など

グラビアやバラエティ番組ではいつも笑顔の吉木りささんの、戦慄の走るブチ切れ映像が話題となり、真夜中の5分枠ながらDVD化され、『ビジネスパーソンのための吉木りさに怒られたい』というタイトルで書籍化もされました。

さらに、「社会現象」としてNHK総合テレビのゴールデンタイムの『特報首都圏やっぱり叱られたい～若者に広がる〝叱られ願望〟～』という番組で放送されるなど、

さまざまな反響がありました。

なんせ、若い女性が「てめえ！」だの「この水洗便器野郎！」だのと狂ったように怒り散らす映像ですから、午後7時30分にお茶の間でNHKをつけてこの映像をみた戦中派世代のご年配の方々は、夕食を食べ終わりひと息つきながら、飲みかけたお茶を吹き出したのではないかと思います。「もう日本はおしまいだ」と。

この番組は、ネガティブであるはずの「ブチ切れ」にひと工夫を加えることで、まったく真逆の価値としてとらえ、その魅力を引き出すものでした。

この番組で描かれている「ブチ切れ」の魅力は、次の4点です。

1 本来はブチ切れないアイドルがブチ切れる、「新鮮さ」
2 本来はウザいブチ切れの、「おもしろさ」
3 本来はウザいブチ切れの、「サウナ的」魅力
4 本来はウザいブチ切れの、「広告的」魅力

4つについて、簡単に説明していきます。

1 本来はブチ切れないアイドルがブチ切れる、「新鮮さ」

まずなんといっても、この番組が「Yahoo! ニュース」やテレビ誌で話題になった理由は、「グラビアアイドル×ブチ切れ」という「見たことない組み合わせ」だと思います。基本的には笑顔のイメージが強いグラビアアイドルの中でも、特に吉木りささんは、やさしそうで笑っている印象の強いアイドルでした。そんな人物がブチ切れるという違和感に、まずインパクトがあったのだと思います。

しかし、この「組み合わせの違和感」だけでは、「魅力」として不十分です。

2 本来はウザいブチ切れの、「おもしろさ」

人のケンカや、怒っている人を揶揄した「ふざけた怒り」をおもしろがるバラエティ番組は、すでに多くありました。

しかし、『吉木りさに怒られたい』は、ふざけることのない「リアルなブチ切れ」。それも、視聴者があたかも実際にブチ切れられているかのように、主観映像で切り取ってブチ切れるものでした。

「おもしろさ」を生み出す1つの手法として、「真面目も、度が過ぎるとおもしろい」があります。「量が過剰」であることは、「おもしろさ」を生み出すのです。

これは「笑い」を生み出すための常套手段ですが、「怒り」にもあてはまります。「人に怒られる」というのは不愉快ですが、こちらの想像を超えるくらい真面目にブチ切れていると、どこかの時点で「おもしろい」になってしまうのです。

しかし、これは理屈です。理屈をわかっているに越したことはないのですが、それよりも、現実社会を観察する中で**「おもしろい！」と思う一瞬を自分の脳みその中に切り取ってストック**しておくことが大切なのだと思います。

「おもしろさ」の発見は、普段の何気ない日常や、テレビや映画や読書などあらゆる場面にヒントが潜んでいます。「過剰な怒りがちょっとおもしろい」というぼくなりの発見は、実は、もともとまったく違うところから着想を得ています。

それは、中国の「文化大革命」のドキュメンタリーでした。

まったく番組名も思い出せないのですが、そのドキュメンタリーをたまたま観たときに、**ひたすらカメラに向かってブチ切れまくっている中国人のインタビュー映像**があったのです。とても強い怒りのシーンを何回もつなげて使用していて、その映像が、なぜか心に残ったのです。丹念にストーリーを追って観ていたわけではなく、番組に感動して覚えているとかいうわけでもありません。

しかし、日本人に比べて怒りを赤裸々に表現するその中国人の姿が、ことあるごとに1シーンとして思い出され、ドキュメンタリーとしての内容とは別に、「過剰な怒りには何かひっかかるものがあるな」と、心にじわじわ残りはじめたのです。

「おもしろい」と感じた一瞬のシーンを「切り取って覚えておく」ことは、企画を立てたり、演出する際に、とても大切です。なぜなら、その**一瞬に心をひかれたということは、そこに何らかの「魅力」があったということ**なので。

そうしたところから、『吉木りさに怒られたい』の「怒り」の魅力の引き出し方は決まっていきました。

笑顔からの

ブチ切れ

しかし、過剰さや主観映像という「切り取り方」でもまだ、魅力不十分です。一瞬のおもしろさがあるだけでは、われわれテレビ屋にとって「商品」である番組として不十分なのです。たかだが5分であっても「ストーリー」であることを放棄してはいけない。そうでなければ、大切な公共電波を使って流すわけにはいかないという強い意志です。

裏を返せば、**たかだか5分だからこそ、そこに強い意志を詰め込めば、比類のないほど狂ったコンテンツになる**ということです。

そこで詰め込んだのが、3つめの魅力です。

3 本来はウザいブチ切れの、「サウナ的」魅力

一般的に、エンターテインメントしての「ストーリー」には、見終わったあとに「カタルシス」があります。

そうした物語構成の基本は、よく知られた「起承転結」ですが、5分番組という短い時間では、そこまで描けません。5分でも十分短いと思いますが、5分番組といいつつCMも入るので、実際に番組として使える時間は、**約2分**です。

そこで、この番組でとった手法は、「めっちゃブチ切れてたマイナスのエネルギーを、ラスト手前で一気にプラスに変える」という手法でした。「カス」だの「ゴミ」だの罵詈雑言を吐くけれど、実は「ぜんぶ、おまえが好きすぎて言ってんだよ、ボケ！」と、最後にもっとも激しくブチ切れるという構造を定型としたのです。

悪口を言われるだけだと、それはおもしろくても「負」のワードですが、最後に「おまえが好きすぎて言ってんだよボケ！」と、**あっさりひと言でひっくり返すだけで、「負」の価値が「正」に一転する**のです。

しかも、「ブチ切れ」、すなわち**負の価値の熱量が高ければ高いほど、その落差は大きくなります。**

感覚としては、「サウナ」に似ています。

わざわざ熱い所に入るなんて、ストレス以外の何物でもありません。

しかし、**サウナ室のストレスが、後に水風呂に入ることで一転、「快楽」の前フリに変身する**という構造です。

つまり、「ブチ切れられる」というネガティブな表現を、その後「価値」を転換させる仕掛けを作ることで、「ストレス」を「魅力」に変える。そうした「サウナ」的なカタルシスを、『吉木りさに怒られたい』という番組では、5分中で表現しました。

もちろん怒られる内容、すなわちストーリーも、たかだか2分という表現枠の中で、可能な限りわかりやすく、笑いのオブラートに包みながらも、カール・シュミット[*1]や、エーリッヒ・フロム[*2]らの著書のエッセンスを一滴だけ抽出してまぜこむなど、限りなく密度の高いものを目指しました。毎回2分の台本に命を削るほど悩み、全身全霊を込めて書いたつもりです。

すると、まったく計算していませんでしたが、当初、「映像のおもしろさ」からYahoo!ニュースなどで話題になったのとは別の角度から、読売新聞の文化部記者の方などが、カール・シュミットを引用した部分などを引き合いに出しながら、けっこうマジな批評記事を書いてくださるなど、5分番組とは思えないほど多方面に話題が拡大しました。やっぱりみんな、サウナが好きなんです。

なお、ストーリーにおける「サウナの構造」に関しては366ページで詳述します。

*1　ドイツの法学者。政治の本質とは「友」と「敵」の区別であると述べた『政治的なものの概念』や、必ず倒さなければならない「絶対的な敵」という概念について述べた『パルチザンの理論』などで知られる。

*2　ドイツの社会心理学者。自由とは、無条件に与えられると大惨事であり、その孤独や責任を受け止める覚悟を持った者が獲得するのが望ましい社会であると述べた『自由からの逃走』で知られる。

4 本来はウザいブチ切れの、「広告的」魅力

ディレクターとしては、ここまでが、番組作りに関する「ネガティブなものの魅力を引き出す」ために駆使した手法でした。

しかし、実は『吉木りさに怒られたい』は、ふつうのテレビ番組とは異なる成立経緯があったため、もう1つ「ネガティブなものの魅力」を引き出す工夫を仕掛けました。

それが、「ブチ切れ」と「広告」の関係です。

この番組は当初、「広告業界」からかなり注目を浴びました。それは、この番組がいわゆるふつうの番組とは異なる「営業枠」と言われる放送枠の番組だったからです。

視聴者のみなさんにはあまり関係のない、あくまでテレビ局の都合で大変申し訳ないのですが、テレビ番組には、大きく分けて**「視聴率」をとることを目的とする「編成枠」**とよばれる枠と、**「営業案件」を処理する「営業枠」**が厳然と分かれて存在しています。

前者は、いわゆるゴールデン番組で多く流れているような番組です。「おもしろい」

といわれる番組は、比較的こちらが多くなっています。

後者はどちらかというと「スポンサーの商品を宣伝したい」とか、スポンサーのイメージを上げるために、営業局がクライアントの意向を取り入れながら作る番組です。

この番組が5分というとても短い放送枠だったのも、そうした理由からきています。5分なら、そんなに高くないので、企業も気軽なのです。

ですから、すべてとは言いませんが、どうしても**多くの「営業番組」は、よく言えば上品、裏を返せば「おもしろみなく」おさまりがち**です。

また、5分という短い番組だと、じっくり企業のイメージを上げている余裕もなく、とりあえず上品な空気を作り、その商品を「ほめる」ことが基本スタンスになります。

しかし、『吉木りさに怒られたい』は、とんでもなく、下品でした。

そして基本が「ブチ切れ」ですから、番組の構成要素の9割が「悪口」でした。

これは、従来の「営業番組」や「広告」の手法の真逆です。しかし、さんざん「悪口」を並べ、物語が完結したあとに、30秒の「インフォマーシャル」という番組連動CMの部分で、素に戻った吉木りささんに「こんなポンコツにならないためのツールが……」と、当該商品を堂々とおすすめしてもらうことにしたのです。

ブチ切れている内容の「ネガティブさ」は、裏を返せば、その「ブチ切れている問題を解決する商品・サービスの広告」にとってはプラスに働く

という構造ができあがる。つまり一見ネガティブなものでも、「機能」次第でポジティブな価値を持たせることができるのです。

本編で商品をほめるわけではないので、営業番組っぽくもないですし、あくまでそのＣＭの部分は観なくても番組として完結しているのですが、ＣＭの部分が、さらにもう一段の「オチ」にもなっていて楽しめるという構造です。

ただ宣伝するだけではつまらないですが、「●●っていうＣＭへの壮大なフリかい！」とつっこんで観ていただけるような構造です。これも、「ブチ切れ」や「悪口」というネガティブなものの、ポジティブな魅力でした。

結果、『吉木りさに怒られたい』は、先に述べたYahoo!ニュースやテレビ誌などのエンタメ情報的視点からの取材、また読売新

「ブチ切れ」の常識		『吉木りさに怒られたい』の逆説		生まれたメリット
アイドルは怒らない	⇔	アイドルがブチ切れる	→	**見たことのない新鮮さ**
人に怒られるのは不快	⇔	過剰なブチ切れはおもしろい	→	**おもしろさ**
怒られるだけだと不快		最後に愛のひと言でひっくり返す		**カタルシス**
営業枠の番組はおもしろくない		番組を壮大なフリにする	→	**商品の魅力が増す**

聞のような文化部的視点のほかに、『宣伝会議』など広告方面の雑誌からも取材が入る珍しい番組となりました。

このように、一見「ネガティブ」なものでも、

- 「組み合わせ方」次第で
- 「切り取り方」次第で
- 「ストーリー」次第で
- 「機能」次第で

ポジティブな魅力を発見することができます。

この『吉木りさに怒られたい』は、放送後、画面に向かって美女がブチ切れるCMがとつぜん増えたり、『めちゃ²イケてるッ!』に「加藤浩次に怒られたい」としてパロディされたり、DMMに「〇〇に怒られたい」というカテゴリーができて『上原亜衣に怒られたい』『波多野結衣に怒られたい』『篠田あゆみに怒られたい』など、そうそうたる名女優がブチ切れるDVDが勝手に発売されたりするなど、さまざまな方面で、「美

女の主観ブチ切れ」がパロディされていきました。

もちろん、すべてチェックしました。

他にも、以前担当していた『所さんの学校では教えてくれないそこんトコロ！』で立ち上げた「遠距離通勤！　なぜそんなに遠くから通っているんですか？」という企画は、一見ネガティブな「遠距離通勤」の魅力を引き出すVTR。『世界ナゼそこに？日本人』という番組で、ペルーのカラバイーヨというスラム街を取材した際には、スラムの悲惨さだけではなく、そこに集う若者の夢と熱も描くようにしました。

どちらも高視聴率でしたし、前者は現在でも同番組の人気企画になっています。

「ネガティブなものの魅力を発見する」ことが、バズったり、熱狂的なファンのつく「見たことないおもしろいもの」を生み出すために有効な手法なのです。


さて、お待たせしました。冒頭で書いた南無阿弥陀仏の件です。

ぼくが述べたいのは、**親鸞聖人、マーケティングの神なんじゃないかと思う件**についてです。

神じゃなくて仏だろというツッコミはさておき、浄土真宗の開祖である親鸞は元祖

「ネガティブLOVE力を実践し、それを大成功に導いた人物」だと思うからです。

その理由は、教科書にも出てくる「悪人正機説」。

「善人なおもって往生を遂ぐ、いわんや悪人をや」

すなわち、「悪人こそ救われる」でおなじみの、あれです。

どんなに小さい悪でも見逃さない仏様から見たら、人間は全員煩悩だらけで、1つや2つは誰しもスネに傷をもつポンコツ、すなわち「悪人」です。

それなのに自分が「善人」だと思う人は、その「人間はみんな悪人」だということにまったく気づけていないポンコツ。

さらに、自分の「善行」で往生しようなんていう人は、「全員救う」って言ってる仏の心を疑うポンコツ。

そして、他人の罪を誇らしげに批判し、自分を賢くて良い人間だと思い込むのはマジな偽善者で、一番往生から遠いポンコツだ。

だから、**自分が「悪人」だと思う人こそ、救われる。**

親鸞は、『**歎異抄**』の中で、そう述べたのです。

これ、最強の「ネガティブLOVE」力じゃないでしょうか。

みんな、人に言えない悪事の1つや2つ持っているものです。だから、「悪人こそ救われる」なんて革命的なこと言われたら、誰だってとびつきたくもなります。

そして、くだること700年。現在、**新興宗教を除いた主な仏教教団の信者数は、浄土真宗がぶっちぎりの1位**です。*

ちなみにぼくは、築地本願寺が家の近くなのでよく散歩に行くのですが、とても立派な本堂です。さすがです。敷地内にカフェがあり、ここ、最高です。抹茶かき氷はボリュームも大きくて練乳もたっぷり。コスパも最高。

そして、お茶をセットで頼めるんですが、ぼくのお気に入りは小豆風味のハーブティーです。その茶の名、「親鸞聖人好み」。なんか、これ、頼んじゃうんです。

別に親鸞が名付けたわけではないでしょうが、やっぱり親鸞はマーケティングの神だったんじゃないかと考えながら、ありがたくいただいています。

*文化庁の平成29年度版『宗教年鑑』によれば、浄土真宗本願寺派が793万人、真宗大谷派が792万人と、浄土真宗でワン・ツーフィニッシュ

4

バランス崩壊力

「金がない」は武器になる

さて、ここまで3つの方法をご紹介してきましたが、すべて、正攻法ではなく、既存の価値観に挑戦する類のものばかりです。では、いったい「なんでそんなことしなくちゃいけないんだよ」という疑問が当然のように立ち上がってきます。

それは、自分という人間が、常に**「挑戦者」としての立ち位置におかれているから**です。もしあなたが同じ立場にいるのなら、必ず役に立つはずだと信じているからです。

何よりもまずテレビ東京という組織が、すでに述べたように圧倒的に金がない。だから、正攻法では敵わないという当然すぎる前提が、常に、何を考えるにも、「前略」という手紙の冠省のようにつきまとってくるのです。

そして2つめに、自分の「年代」があります。テレビには、ドキュメンタリーならば『ノンフィクション劇場』を立ち上げた日本テレビの牛山純一、テレビ東京では「ピアノを弾きながら死ねればいい」と言ったジャズピアニスト山下洋輔の文学的表現をガチで受け取り1969年大学騒動で機動隊が取り囲む早稲田大学前で演奏させるといったクレイジーな演出で知られる田原総一朗、フジテレビなら、さきほどの

この項は…

・リーディングカンパニーを倒したい
・リーディングカンパニーとの勝負を避けたい
・低予算でコンテンツを作らなければいけない

人におすすめ

『泣きながら生きて』やドラマにもなった「白線流し」のドキュメンタリーなどで知られる**横山隆晴**など、「自分のおじいさんかい！」っていうほど、もはや歴史上の人物で、自然と敬称略してしまうほど上の世代の頃から脈々と続く歴史の積み重ねがあります。

バラエティ分野でも、フジテレビなら自分が小さい頃見てきた『めちゃイケ！』の総監督で独自の「突っ込みテロップ」を開発した**片岡飛鳥**さんという演出家。日本テレビなら、これも子どもの頃大好きだった『進め！　電波少年』を作った**土屋敏男**さん。フリーの方でも、これまた子どもの頃毎週楽しみにしていた『料理の鉄人』や『とんねるずのハンマープライス』などケレン味あふれる演出が格好良すぎる**田中経一**さんなど、「自分のお父さんかい！」っていう世代の人たちが築いた歴史がありあります。ちなみにこの人たちは、お会いしたことがありませんが、いまだに現役だったりします。

こうした先人たちが産み出した、当時最先端だった仕掛けが、現在では定石として蓄積され、歴史を築き上げています。**それゆえ、テレビは「どこかで見たことある番組」が多くなる**のだと思います。

回りくどくなりましたが、**⑴組織に金がなくて、⑵自分の先人たちが築いた歴史がある。**その２つが、「新しいおもしろさ」を作り出すために、ちょっと労力のかかる、ここまでの３つの戦略が必要な理由です。

これは、必ずしもテレビ業界やテレ東の話だけではないはずです。リーディングカンパニー以外のあらゆる企業が、リーディングカンパニーに対して常に資金面で劣勢に立たされた戦いをしなければなりません。

また、あらゆる商品やサービスには、そこに至るまでの歴史的な経緯が存在します。**「いま、成功している商品やサービスとの差別化」は常に、新商品開発の最大の課題**になるはずです。

「見たことないもの作るって、めんどくさそうだな」と思ったかもしれません。

でも、そんなことないです。まさに前項の親鸞式「ネガティブＬＯＶＥ」力を、自分が置かれた環境に適用してみるだけ。「金がない」という一見ネガティブに見える要素を、ポジティブに変えればいいのです。

まず、そもそも、**「金がない」というのは、裏を返せば、失敗しても大した金額じゃないということ**です。

テレ東の予算は、他局様に比べれば誠にスズメの涙ですから、失敗しても、あまり良心の呵責がありません。「視聴率が悪ければ、翌日は会社に行かなければいいか……」くらいにしか思っていない人もいると思います。

そうした「金がない」ことを「武器」にして、見たことないおもしろいものを作るための「金銭的な作戦」こそが、「バランス崩壊力」です。

予算書をじっくり眺め、予算のバランスを崩壊させるのです。

たとえば、ゴールデン番組を1本作るとして、他局様の予算が3000万円で、テレ東の予算が1000万円だったとします。

3000万円をバランスよく配分して、図1のようになるとします。スタジオがあって、ロケVTRがあって、ナレーションや音楽も入っている、ちゃんとしたテレビ番組っぽいテレビ番組です。

1000万円で同じことをやれば、図2のようになります。これでは、ショボさが歴然です。オンエアする前から敗北決定。視聴率の出る翌日は会社を休み、公園でもフラフラするしかありません。

だったら、思い切って、こんなバランスぶっ壊してしまえばいい。これがテレ東のような弱者がとる競争戦略だと思います。

具体的には、図3の予算配分です。こうすると、どうでしょう。ロケ予算が800万円になりました。やった！

他局様の予算配分ではロケ予算は600万円。**ロケのクオリティだけなら、こちらのほうが上を目指せる。ここで勝負すればいい。**スタジオはショボかったり、場合によってはなくてもいいから、ロケだけは負けないものを作るぞ！と。

図1

他局様 （バランス良い） 3000万円	タレント出演費	＝2割（600万円）
	スタジオ予算	＝2割（600万円）
	ロケ予算	＝2割（600万円）
	編集費用	＝2割（600万円）
	ナレーション・音楽	＝2割（600万円）
	リサーチetc.	

図2

テレ東 （バランス良い） 1000万円	タレント出演費	＝2割（200万円）
	スタジオ予算	＝2割（200万円）
	ロケ予算	＝2割（200万円）
	編集費用	＝2割（200万円）
	ナレーション・音楽	＝2割（200万円）
	リサーチetc.	

図3

テレ東 （バランス崩壊） 1000万円	タレント出演費	＝1割（100万円）
	スタジオ予算	＝なし（0万円）
	ロケ予算	**＝8割（800万円）**
	編集費用	＝1割（100万円）
	ナレーション・音楽	＝なし（0万円）
	リサーチetc.	

これを続けていると、「テレ東って地味だけど、なんかロケだけはおもしろいよね」と言われるようになっていきます。

これは、パルチザン*など「非正規軍」の戦いの発想に近いものがあります。僕は、大学で国際政治学を専攻していたのですが、ちょうどその頃、アメリカで9・11同時多発テロが起こりました。国家vs国家という正規の戦争の枠組みが無効になっていくのを目の当たりにし、国際政治学の中でも、過去にさかのぼった非正規戦の歴史をテーマに卒論を書きました。

その時しみついた「パルチザンマインド」が、弱小テレビ東京に入社して、少し役立ったのかもしれません。日々の暮らしの中で感じたことも学校の勉強も、思わぬところで企画や演出のヒントになるので、何事もおろそかにしてはいけないと改めて思います。

それはさておき、先ほどの図3「バランス崩壊予算」、やや単純化していますが、『家、ついて行ってイイですか?』の予算の概念です。

『家、ついて行ってイイですか?』では、すでに述べた通りノーナレーション・ほぼノーミュージック。スタジオも一切使いません。

では、何に一番お金をかけているかというと、ロケ。中でも**人件費**です。

*外国軍や国内の反革命軍に対して自発的に武器をとって戦う、正規軍に入っていない遊撃兵のこと

この番組は、およそ**70人のディレクター**の皆さんが作ってくれています。

日本で、おそらく世界を見渡しても、70人のディレクターを抱えている番組は1つもありません。普通のゴールデン番組で5～10人。多くて20人程度。超巨大番組である日本テレビの24時間テレビでも30～40人です。『家、ついて行ってイイですか？』は、**世界で1番ディレクターの多い番組**だと思います。

それを可能にする秘密のすべてが、図3。「バランスを崩壊させているから」です。

番組をご覧になった人から、「よく深夜について行かせてくれるね」と言われます。

時には、「ヤラせだろ」と、ネットで叩かれることもたくさんあります。

これは、とても光栄なことです。なぜなら、ガチだと信じられないほど「見たことないおもしろいもの」だと思ってもらえている証だと思うからです。

でも、ガチなんです。考えてもみてください。深夜に「家に行かせてください」などと突然声をかけられ、即「ＯＫ！」なんていう人はほぼ、いません。ベテランのディレクターでさえ、まったくついて行けないことのほうが多いです。

深夜に、その場でついて行くだけでなく撮影してテレビで放送させてくださいなんて無茶なお願いに答えてくれる人を見つけられるのはすべて、雨の日も風の日も灼熱の熱帯夜も頑張ってロケをしてくれる70名のディレクターの皆さんのおかげなのです。

だからこそ、これは実際に放送したエピソードなのですが……

2018年1月22日。交通機関も麻痺した歴史的な大雪の日。

フラフラ歩いていた20代の女性について行ったら、家の中が整理できておらず、もうごちゃごちゃでした。その理由を聞くと、父が亡くなってしまってから、母が気持ちを整理できず、家の中も整理できていない。

当時は「自殺」としてマスコミにも報道されたが、母はいまだに自殺なのかそうでないのか、確信が持てないという。なぜならその父は、亡くなった当時、日本版CIAと言われる内閣情報調査室に勤め、イスラエルのモサドなど世界中の諜報機関と関わりながら、ロシアの北方四島返還を実現するためにインテリジェンスの仕事に従事していた。家族にも一切仕事の内容は話せない国家機密の中で暮らしていた。

そして、娘に宛てた遺書には「もっとあなたと過ごしたかった。私が死ぬのはあなたのせいではない」と記してあった……

……などという、まるで映画のワンシーンというか、映画を軽く超えてくるようなワンシーンが切り取れるのだと思います。番組のロケ体制やその仕組みなどを知らず、また番組前段の「断られ続けているシーン」を見逃して、ついて行ったところから観たら、ネットに「テレ東ヤラセ乙」と書き込んでしまうのも致し方ないと思います。

銀河系最弱のテレビ東京が、70名という世界最大であろうディレクター数を抱えながら番組を作れる秘密こそ、「バランス崩壊力」です。

ただし、この手法は②の「引き算力」と同様、どの予算を削るかに関しては「削るメリット」を生み出せる項目を選ぶ。あるいは、削ることによって生じる、一見デメリットと思える「効果」をプラスに転じる「仕掛け」を作ることが大切です。

こうして、バランスを崩壊させることとは、歴史が積み上げてきた、「どこかで見たもの」を覆すためにも、有効な手段です。なぜなら、その**予算のバランスの正体こそが、過去の歴史の積み重ねそのもの**だからです。

5

1.5倍力

1つ技術を極めればスベらない

「良いもの」を作る確実な近道は、**人の「1・5倍だけ」頑張る**ことです。

「そんなめんどくさいことやってられっか！　日々の仕事だけで忙しいのに、1・5倍もやれるわけねーだろ！　バカ！」

そう思うかもしれませんが、これが何よりの近道だと思います。

世の中には、いかに「少ない努力で効率よく高いアウトプットを出せるか」を誇り、それをもてはやす空気があります。

しかし、それができるのは、次の3つのうちのどれかに当てはまる人だけです。

1 そいつが天才である
2 そいつが誰かの才能を搾取している
3 そいつが作り手でなく「マネージャー」である

この項は…

- 自分のスキルを磨いて差別化したい
- 「ヒット」の絶対的な必要条件を知りたい
- 競合とのコンペで勝ちたい

人におすすめ

順番にいきましょう。たしかに、世の中には「天才」と呼ばれる人がいて、そういった人たちは少ない労力でとんでもないアウトプットを出せるのかもしれません。

しかし、大切なことを2つだけ言わせてください。

- 天才なんて、世の中にほとんどいません。
- 天才のことは真似できません。

ですから、**天才のことを考えるのは無駄です。天才の方法論を参考にするのも無駄です。**

テレビ業界のまわりには、「タレント」と呼ばれる人がいます。タレントとは、「才能」という意味です。しかし、タレントの中でさえ、「天才」はめったにいません。売れるタレントは、それなりの努力をしています。

ぼくはあまりタレント付き合いをしませんが、『文豪の食彩』というドラマを企画・監督した際に、主演の勝村政信さんと1回だけ食事をご一緒したことがあります。そしたら、食事中ずっと、演技論をかましてきました。「ソ連の演技がどうだ」とか、「動物の形態模写がこうだ」とか。1軒目も2軒目も、ずっとそんな話をしてた気がします。

吉木りささんもそうです。先述の『吉木りさに怒られたい』という番組は、1カットが非常に長く、セリフを覚えるのがめちゃくちゃ大変だったはずです。

しかし彼女は、夜中まで別の仕事をして、その後早朝から我々の番組のロケという際、わずか2〜3時間ほどしかなく、テレ東の楽屋で仮眠をとるくらいの時間しかなかったにもかかわらず、台本を読み込み、ほぼ完璧に頭に入れてきました。

世間で「グラビアアイドル」といえば、チャラい飲み会ばかりしてプロデューサーに媚びを売ってるイメージかもしれません。しかし実態は、およそそのイメージとは真逆です。**売れてる人ほどストイック**、が原則です。

また、大スベりしたために、ぼくの中では黒歴史ですが、『速報!明日したいことランキング』という番組を作った際、当時すでに大ブレイクしていた有吉弘行さんにMCをお願いしました。マネージャーさんから「台本を読んでイメージを作るだろうから、かなり早めに楽屋に入ると思う」と伝えられました。

大忙しでレギュラーを何本も抱えていた有吉さんが、テレ東ごときの、しかも深夜番組のために、まさかそんなに早く来るわけないだろうとタカをくっていたら、本当に打ち合わせの数十分前に楽屋に来ました。マネージャーさん曰く、「それがいつものスタイル」なのだそうです。

俳優でもグラビアアイドルでも芸人さんでも、「タレント」＝「才能」と呼ばれて仕事をしている人たちでさえ、常人の何倍も時間がない中で、必死に努力する姿を目の当たりにしてきたテレビ人生でした。

ましてや、作り手として、自分はサラリーマンです。サラリーマン世界に天才などほぼ皆無です。少なくともテレビ東京には、天才と思しき人はひとりもいません。他局でヒット番組を手がけている同年代や少し上の世代の演出家の方とお話をしたことも何回かありますが、売れっ子の演出家の方ほど、尋常ではないほどのハードワーカーです。

映像作りの世界で、おそらく、もっとも天才であるといって間違いないと思われるあの**宮崎駿**でさえ、1作品につき絵コンテを自ら1000枚以上も書き上げ、10万枚以上にのぼる絵の動きをチェックして、時に自ら直し、作品を作り終えるごとに自律神経が乱れてしょうがないと述べています。1つの仕事が終わるたびに本心から「引退宣言」するほど、血反吐を吐くまで頑張っているのです。

天才・宮崎駿がそうなのだから、凡人たる我々が「おもしろいもの」を作ろうとしたら、とりあえず、幾ばくかは努力しないとダメなのだと思います。

これはテレビ業界だけに限ったことではありません。およそサラリーマンとしての競争相手の中に、天才なんていう人種はめったに登場しないと思って間違いありません。だから、天才のことなんて一切考えなくていいんです。

2 そいつが誰かの才能を搾取している

それでも、あたかも「魔法の近道」があるかのような言説が存在するのは、この理由です。これは、「人に任せる技術」といってもいいでしょう。

決して悪いことではありません。

いかに手元に多くの「努力する才能がありながら権利を主張しない人材」を集めて、チームの成績を上げるか。これは、いやらしい

言い方ですが、出世の技術としてもっとも大切なことです。なので、出世が目的だという人には、有効です。事実、世の中には、「人に任せる」をテーマにした自己啓発書があふれています。

しかし、**「見たことのないおもしろいもの」を作る方法を模索することと、「人に任せる」ことは、まったく異なる逆のベクトル**といえます。

ぼくはお金も大好きです。できれば、金、欲しいです。しかしあくまでお金は、おもしろいものを作った結果の対価としてついてくればいいや、というくらいの考えです。**「金」を消費して得られる快感より、「おもしろいもの作った！」と思える時の快感のほうが大きい**からです。

この本を手にとってくださった方も、どちらかというと、そういう方たちなのではないでしょうか。「金」は欲しいけど、それはさておき、とりあえず「おもしろいもの」を作り出して、仕事をもっと楽しみたいと。資本主義社会の中での、おそらくもっとも幸福な落伍者たらんとしている方が多いのではないでしょうか。

3　そいつが作り手でなく「マネージャー」である

これは、2つ目ほど悪意はない、純粋な「マネジメント論」です。というか、出世論とは別物ですが、ある程度の年次になれば、現場から離れて管理者となるのは、組織の中で避けられない場合が多いでしょう。映像の世界でも、「プロデューサー」という仕事はこれに近いかもしれません。しかし、人材マネジメント論と「おもしろいものを作る」という議論は、やはり別モノです。

つまり、「良いものを作るために努力で差別化する」というのは、とても有効な戦略です。天才なんてめったにいないし、勝負している土俵が、プロ経営者やマネージャーとは違って、ものづくりの現場なのですから。

では、どれくらい努力したらいいのか、という話になります。

ここで、**大いに脱力していただければと思います。**

とりあえず、1・5倍くらいでいいのではないかと思います。

なぜか。ほとんどの場合、自分のまわりに宮崎駿はいないからです。
そんな天才日本にひとりか2人ですから、ほっといてください。
まずは、次の2つから始めればいいのです。

・同じ会社の同職種の人の、1・5倍頑張る
・同じ業界の人の、1・5倍頑張る

まず、自分の会社を見渡して、「絶対自分のほうが努力している」と言える状況を作ることだと思います。
そして、次に自分の業界を見渡しても、「絶対自分のほうが努力している」と言い張れる次元まで持っていけるかが勝負だと思います。

「ちょっと待て。それ、大変だろ」

そう思った方、本書を閉じようとしたその手を、いましばらくおさめてくだされば幸

いです。「1・5倍」という言葉を、次の2通りの方法で捉えてください。

(1) 細分化された何かだけでもいい
(2) ちょっとした工夫で実現できる量でいい

(1)は、つまり「絶対自分のほうが努力している」を、労働集約量の総体として捉える必要はないという意味です。もう少し簡単にいうと、同じ会社の同職種の人と、同じ業界の人に、**すべての項目で勝る必要はない**ということです。

まずは、何か1点でいいのです。

たとえば、ぼくの仕事は、次のように細分化できます。

・カメラ技術　・構成台本執筆　・脚本執筆　・ロケ
・スタジオ収録　・ナレーション作成　・編集　・企画書作成
・タレントトーク構成　・タレントとの付き合い　・リサーチ

その他にも、無限の項目があります。
さらに、たとえば「ロケ」という項目も、

・旅番組のロケ　・海外ロケ
・ドキュメンタリーのロケ
・グルメロケ　・再現ドラマロケ

などなど、細分化できるかもしれません。この中の1つでもいいから、まずは自分が「会社で、業界で、一番努力している」と思える項目を作ればいいのだと思います。しかも、それは、**あくまで主観でいい**とさえ思います。

そして、そのジャンルは何でもいいと思います。仕事の中で、好きだと思えるものを「趣味的に」選んでもいい。社内での差別化を意識して、取り組んでる人が少なさそうなものを「戦略的に」選んでもいい。あるいは、自分が将来やりたい仕事を見据えて、役立ちそうなものを「計画的に」選んでもいい。

「この分野なら、まわりを見渡してみて、誰にも負けないな」と思える分野を、まずは1つだけでも作るということです。

たとえば、ぼくは、「脚本」を誰よりも大量に書いてきたつもりです。

これまで、ゆうに**2000ページ**を超えています。

ロケの簡単な構成を書いた「構成台本」ではなく、『空から日本を見てみよう』や『ジョージ・ポットマンの平成史』など、番組内にキャラクターが登場し、彼らのセリフとナレーションも含めた「脚本」でほぼすべてが構成される番組を多数制作してきました。放送作家さんに書いてもらうという手段もありますが、すべて自分で書くことを徹底してきました。

『空から日本を見てみよう』という番組では、毎回40ページほど。『ジョージ・ポットマンの平成史』では毎週40ページほど。

そのほか、『吉木りさに怒られたい』や、『「人生を諦める技術」講座』といったフェイクドキュメンタリー、『文豪の食彩』『激辛ドM男子』『嫌いな人を好きになる方法』といったドラマでも「脚本」は自ら執筆しました。

その結果、どんなメリットが生まれるか。

圧倒的に、そのコンテンツの「メッセージ性」が強くなるのです。

そして結果的に、**「ストーリー」としての精度が上がる**のです。

たとえば、『空から日本を見てみよう』という番組で、「多摩川源流と天空の村々」という回を担当した時のことです。

河口から、上流の最初の一滴までさかのぼるという企画だったのですが、奥多摩を超えたあたりで、「くもじい」という空を飛んでいる設定の登場キャラクターが、もうひとりのキャラクター「くもみ」にしゃべりかける、

「おい、くもみ、あのデイリーマートの先はコンビニ

がない。携帯の充電器とか大丈夫か？」

という台詞を書きました。

些細な台詞かもしれませんが、これは実際に取材をしたディレクターにしか書けない台詞です。実際に取材に行かずにナレーションを書くと、見える景色をそのまま台詞にし、「さあ、どんどん山奥に入っていくぞ」くらいしか思い浮かばないと思います。

しかし、それでは、ぜんぜん心に響く言葉にもならないし、映像に見える以上のストーリーが描けていません。

携帯の充電器の話は、まさに自分が地上からこの辺り一帯を取材して感じたことを、空を飛ぶくもじいの口を借りて語らせたことです。

この先に行ったら、都会的なものは一切なくなる。そして、引き返すのもひと苦労である。この先に進むなら、必要なものはすべて買いためて進む覚悟が必要。それほどの秘境に入っていくということを、具体的なイメージがわくように伝えようとしました。

こうした「メッセージ性」が強かったり、「ストーリー」としての精度が高い番組には、まずは**人数以上に大切な、熱狂的なファンがついてくれます。**

すると、この『空から日本を見てみよう』や『吉木りさに怒られたい』もそうですが、**DVD化や書籍化など、さらなるビジネスの展開につながる**ことにもなります。

まわりを見回して、「誰よりも、少しだけ頑張ってるな」という分野を1つ作れたら、それを1つずつ増やしていくと、なお良いです。

ぼくの場合は、脚本や台本だけでなく、「カメラ」も、どんなディレクターよりも回すようにしました。

『世界ナゼそこに?日本人』という番組は、毎回1つのロケVTRが30~50分を超える骨太のVTRを作れる番組です。しかも、ロケ部分にタレントを使わないので、ディレクターショーの色彩が強い番組です。担当ディレクターとして、ソロモン諸島、イラン、ドミニカ共和国、ラオス、ペルーなどなど多くの海外を取材し、そこに住む日本人を撮影しました。

ほかのディレクターは基本的にカメラマンを同行させていましたが、ぼくはすべて自分だけで撮影するように心がけていました。『空から日本を見てみよう』時代も、そのほかの番組時代でも同じです。

プロのカメラマンには負けるかもしれませんが、**少なくともディレクターの中では圧倒的に「画心（えごころ）」にこだわり、「構図」を大切にする演出家になろう**と思ったからです。

勉強のためさまざまな写真集を大量に買い集めてきましたし、風景をよりかっこよく撮影するために、ＴＢＳの『ＴＨＥ・世界遺産』と、ＮＨＫの『小さな旅』は毎週録画して、徹底的に研究していました。

その結果、どんなメリットが生まれるか。

それは**圧倒的に「意味の深い画（え）」が撮れます**。

カメラマンさんは、美的センスや、構図については抜群にすぐれています。しかし、その瞬間瞬間において、すべての演出意図を理解しているわけではありません。優秀なカメラマンさんは、かなり高いレベルでそれを察してくれますが、すべてを察するのは不可能ですし、こちらからすべてを説明するのも、やっぱり不可能です。

ここで、カメラが捉える動画のパワーを、「美しさ」と「画の持つ意味」の、極めて単純化した2つに分解するとします。

次のページに、図で説明してみます。

仮に、カメラマンさんの撮った画が、図1のようになるとします。

そして、普通のディレクターがカメラで撮ると、図2のようになるとします。

やはり、美しさはカメラマンさんが上手です。しかし、あくまで「ディレクターの演出意図に近づけて」という意味ではありますが、画にもたせる1カットずつの意味は、ディレクターのほうが追求できるのは間違いありません。

ならば、おのずと、こうなります。

「ディレクターが美しさを追求すれば、より強い画になるはずだ」

ここまで理解しておいて、チャレンジしない理由がどこにあるのでしょう。カメラマンさんに及ばずとも、せめて「美しさ　6点」を目指せばいいだけの話です。

すると、カメラを回しまくって、「画心」を身につけたディレクターが作る映像は、

図3のように、美しさと深みをあわせ持つことになります。

もちろん逆も然りです。カメラマンさんが徹底的に演出も学んでしまう、という手もあります。そうすれば、見たことないほど、映像美を追求した作品が生まれるはずです。

そうなると、どうなるか。

スベらなくなるのです。

一つひとつの「画」が、確実にパワーアップするのです。このパワーを1カットずつ積み上げていくと、1つの番組で数十、もしくは数百カットがパワーアップし、何十点も強くなるのです。

そうすると、本来の取材対象が弱いなどの事情があっても、VTR全体のクオリティは高くなる。だから、

図1

カメラマンの映像		
	美しさ	7点
	画の持つ意味	4点
		合計11点

図2

ディレクターの映像		
	美しさ	3点
	画の持つ意味	7点
		合計10点

図3

カメラを回しまくったディレクターの映像		
	美しさ	**6点**
	画の持つ意味	7点
		合計**13点**

「極めてスベりにくくなる」のです。

これは、わかりやすくいうと、**新海誠**さんの映画の力に似ているかもしれません。新海さんの映画は、ストーリーもいいかもしれませんが、もう圧倒的に映像がきれいなんです。だから、スベりにくいんだと思います。ストーリーとかどうでもいいんです、もう。映像をボーッと見ているだけで幸せになれるんです。『秒速5センチメートル』と『君の名は。』は、ストーリーもぐっときたの覚えてるんですが、『言の葉の庭』とか、ストーリー覚えてないです。でも、きれいだから、それでもいいんです。

テレビも、これと一緒です。新海誠さんの映像ほど綺麗に描けとは思いませんが、誰よりもカメラにこだわる演出家になると、スベりにくくなる。

もっと具体的に言語化すれば、**より物事の魅力を引き出し、視聴者を魅了するVTRを作れるようになる**のです。

これが、まずは何か1つでも「人の1・5倍」の努力をすればよいという意味と、その効果です。

そして、「1・5倍」といったもう1つの理由。「ちょっとした工夫で実現できる量でいい」であるという話に移ります。

しかし、「まずは1つだけ努力」と思っても、日々の仕事で忙しい多くの社会人にとって、時間の捻出はとても難しいと思います。

そこで、前項で紹介した**「バランス崩壊力」を、「自分の可処分時間」に応用する**のです。言わば、「バランス崩壊力・時間編」です。

詳しく説明しましょう。
ページをめくってください。

6

「1年＝15か月」力

「730時間」確保する時間術

最強の時間術をお伝えします。

そもそも、1・5倍だけ頑張るために、どれくらいの時間が必要でしょうか？

簡単に試算してみます。そもそも、社会人にはルーティンワークがあります。普通の人がより深く何かのスキルを磨くのに使える時間なんて、1日に1時間あるかないかだと思います。「頭の中で考えるだけ」も含めて、1日1時間とれれば御の字です。

と、いうことは、1日1時間30分考えられれば普通の1・5倍となり、本来の意味で御の字だと言えます。

ちなみに、「御の字」、一般的には「まあいいだろう」くらいの意味で使われますが、本来は「最高だ」の意味です。テレビ業界には「ナレーター」という方たちがいて、間違った日本語のナレーション原稿を書くと、怒り出す古参のナレーターさんもいます。こういう人、テレビ以外の業界でも、けっこういるのではないでしょうか。

なので、社会人になったばかりの方なら、まずはひたすら「国語力」、テレビなら「ナレーション力」を磨くのに、1・5倍の時間を費やすのもいいかもしれません。

さて、どうやって「30分」を捻出すればいいのでしょうか？

睡眠時間を8時間として、起きている時間を16時間と仮定し、その16時間の内訳を、

この項は…

- いつも「時間が足りない」と感じている
- 「仕事」と「プライベート」のバランスに悩む
- 仕事以外に「勉強」の時間を作りたい

人におすすめ

ざっくりと単純化・平均化して、このようにしてみます。

仕事（いまのミッション・ルーティン）	8時間
仕事のスキル磨き	1時間
食事	2時間
プライベート	2時間
必要な家事・身の回りのこと	1時間
通勤時間（往復・ドアtoドア）	2時間

「仕事のスキル磨き」の1時間を1・5倍にするなら、このバランスを少し崩して、どこかから30分捻出すればいいわけです。ちなみに、図にするとバランスを崩しやすくなるので、自分の生活の時間配分を、一度図にしてみることを強くおすすめします。

ぼくが若い頃に選んだのは、「通勤時間」でした。

ADとして働いていた頃は、本当に時間がありませんでした。働き方改革が叫ばれている現在ではありえないのですが、入社1年目の時、4月のゴールデンウィーク前に制作局に配属され、ゴールデンウィークが皆無なのに落胆するのは序の口。夏休みも皆無で絶望。**4月から初めて休みがとれたのが11月の下旬**でした。

全社的にそうだったわけではなく、配属された『月曜エンタぁテイメント』という番組が、毎週2時間という当時としては異例の、いまでもあまり見ないハードな枠だったことにもよります。簡単にいうと、1時間番組の2倍の仕事が、毎週あるのです。

収録も、ふつうの1時間番組は隔週に1日（1時間×2＝2本取り）です。しかしこの番組は2時間番組なので、1日で2本は撮りきれず、隔週2日（2時間番組を、隔週の水曜・木曜に1本ずつ撮影）でした。

2週に1度、月曜、火曜、水曜は、収録準備で確実に会社で徹夜。木曜の収録が終わると、とりあえず記憶がなくて金曜の朝。

2時間番組ですから、編集にも時間がかかります。金土日などは、日の光が一切入らない編集所で、ひたすら雑用係として徹夜することが多かったのです。

その後も、『TVチャンピオン』という1時間30分番組に配属されました。会社から、「こいつなら大丈夫そうだ」と思われたのか、悪意があるんじゃないかと思うほど長尺の番組ばかりにつかされました。

でも、それはラッキーでした。その体験から、「なんとか自分で時間のバランスを崩して時間を捻出しないと、一生先に進めない」という切実な思いを得たからです。

そこで、崩したのが「通勤時間」です。ＡＤの最後のほうからディレクターになりかけの頃、会社から徒歩5分、神谷町のド真ん中に住むことにしたのです。

しかし、港区で、アメリカ大使館がドカンと居座り、東京タワーの間近という東京を象徴するような一等地ですから、普通に考えれば家賃はバカ高いに決まっています。そこで使えるスキルが本書3項目めの「ネガティブＬＯＶＥ」力。これは仕事だけでなく、「家探し」にも使えます。

そしたら、あったんです。**神谷町駅すぐ近くの超一等地に、一戸建ての2Kで、家賃8万円という奇跡の物件**が。

その家は、ちょっとした山の上にあったのですが、家の途中まで昇りエスカレーター付き。エスカレーターから後ろを振り返れば、ド迫力の東京タワービュー。そしてエスカレーターで上った先は、下界と隔絶された静けさ。自分の理想としていた「市中の山居」ともいうべき物件が。

「市中の山居」とは、茶の湯の世界で理想の住まいとされる概念で、「都会にいながら自然の中に暮らしているような気分を味わえる物件」という意味です。都会の中での田舎暮らし。都会の便利さと田舎の静けさが味わえる最強の概念です。

仕事で1日10時間以上モニターを見ているような生活だったので、とにかく、田舎の風情に憧れていました。現代社会で、「市中の山居」を実現しようと思えば、普通に考えると金持ちがバカでかい一軒家を建てるとかしかないんですが、まさかの8万円で、そんな奇跡の物件があったんです。

その理想郷は、「墓の隣」にありました。 当時のテレ東の最寄駅である神谷町には都内で一番標高が高い愛宕山があり、山上には寺があり、お墓もたくさんあるのですが、墓地の壁一枚隔てた隣の家こそが、まさにリアル「市中の山居」だったのです。

超都会なのに、標高が高い上に、隣が墓なので最高に静かで、自然も豊か。車が走るのははるか山の麓。都会の雑音は皆無。秋になれば鈴虫の鳴く音が存分に楽しめる。冬になり雪が降れば、山の上で家の周りは地面が土なので、すぐに積もる。シンとした信じられない静けさに包まれます。

春や夏は、風呂に窓がついていたので、それを開けて入ります。帰りが朝方になることもしばしばだったので、眠る前にひとっ風呂あびていると、朝6時に静寂を切って近くの寺の鐘がなる。港区のど真ん中なのに、完全に田舎暮らしです。

それでも、家から1~2分歩いて、山の麓に降りる階段まで行けば、そこからはドカーンと大迫力の東京タワー。

これで2K、風呂トイレ別で家賃8万円。破格すぎる値段でした。「墓の隣」という普通はネガティブな条件を、「静けさ」という魅力と捉えるだけで、こんな立派な「市中の山居」暮らしが楽しめるのです。

たしかに、はじめは夜怖すぎて、家にひとりでいるのが落ち着きませんでした。しかし、次第にこの「おどろおどろしさ」を楽しむ「プレイ」もだんだん編み出していきました。当時は深夜に帰宅することが多かったのですが、大好きなお酒を飲みながら、**『聊斎志異（りょうさいしい）』**という本を読む快楽を覚えたのです。

『聊斎志異』は、中国の古典で、お墓の下から出てくる鬼と、現世の人々が交わったりするといった類の奇譚をたくさん集めた、清代中国版『世にも奇妙な物語』ともいうべき短編小説集です。墓と壁を一枚隔てた部屋でこれを読むと感度が高まり、ゾクゾクするぐらい身近に感じられるので最高でした。

さて、これで会社までの通勤時間がドアtoドアで5分になりました。**通勤に片道1時間かけている人に比べて、1日2時間近くも多く仕事のスキル磨きができます**(図2)。

ディレクターの駆け出しの頃は休みが少なく、休日も都心に出ることが多かったので、単純計算すると1年で730時間。2年なら1460時間。1日8時間仕事だとすると、丸6か月分も多く仕事のスキル磨きに時間を費やせる。つまり、1年が15か月になる。2年が30か月になる。

ここで、差がつかないわけがありません。

「墓の隣」という、一見ネガティブな場所の魅力を発見できさえすれば、2年で6か月分もの仕事スキル習得の差がつくのです。

図1

仕事（いまのミッション・ルーティン）	8時間
仕事のスキル磨き	1時間
食事	2時間
プライベート	2時間
必要な家事・身の回りのこと	1時間
通勤時間（往復・ドアtoドア）	2時間

図2

仕事（いまのミッション・ルーティン）	8時間
仕事のスキル磨き	**約3時間**
食事	2時間
プライベート	2時間
必要な家事・身の回りのこと	1時間
通勤時間（往復・ドアtoドア）	**10分**

東京R不動産という、独自の目線で不動産の魅力を描きだすセレクト不動産サイトで昔、「墓ビュー」という言葉を見たことがあります。都会において、墓の近くは必ず、抜けのいい「絶景」。それでいて安い。「安くて絶景に住める魅力的な場所」だとして、肯定的に紹介していたのです。

ぼくが得たのは、「絶景」というより、「静けさ」と「田舎風情」と「2年6か月という時間的アドバンテージ」でしたが、まさにこの考え方に近いものがあります。

この東京R不動産というサイト自体がまさに、普通の物件選びではネガティブに思われている価値の、隠れた魅力を提示してくれているので、見るだけで、「ネガティブLOVE」力を養う訓練になると思います。

第3項の「ネガティブLOVE」力と第4項のバランス崩壊力を応用することで、1・5倍どころか3倍近い時間を捻出できました。

もちろん、もしあなたが家を購入してしまっていたら、転居は難しいかもしれません。

しかし、たとえば、**通勤電車に乗っている間に何をするか**を考えるだけで、永遠に差が開き続きます。たとえば、始発駅やターミナル駅の近くに住めば、通勤電車の中を「座って読書する時間」に充てることができます。

自分の生活の時間配分を見つめて「バランスを崩壊」させる。そして、もしそれに伴うネガティブな条件がありそうなら、それすら「プレイ」として楽しむことで、「おもしろいものを生み出す時間」をより多く確保できるのです。

この項目の冒頭で、「国語力」に時間を割くのもいいのではないかと述べました。

ぼくは若い頃、ひたすらかっこいいと思ういくつかの番組の「ナレーション書き起こしプレイ」をしていました。**言葉は文字に起こすと体にしみ込ませるように吸収できます。**いまでも諳んじられるナレーションがいくつかありますが、そうした技術は、思わぬところで役立ちます。『ジョージ・ポットマンの平成史』という番組は、ひたすらナレーションにこだわった番組でした。

「人妻史」「ラブドール史」のように、一見とてつもなく下世話と思われる内容を扱っていましたが、そこに格調高い硬派なドキュメンタリー調のナレーションをあてることで、「下世話×品格」という強烈な違和感を生み出すことを演出のキモにしていました。

このように、こっそり1・5倍だけ頑張って獲得した技術は、いつか自分の仕事を他と差別化する際の、強力な武器になる時がきます。

7

限界突破力

「圧倒的な量」が心を動かす

「番組の企画を通すこと」は、テレビマンにとっての一種の夢です。

番組企画は、どの局もたいてい公募で行われ、そのテレビ局の職員だけではなく、広く制作会社や放送作家、フリーの演出家にも募集します。

1回の企画募集で数百本の企画が集まりますが、実現するのは数本ほど。単純計算すると、だいたい**倍率100倍**。テレビ東京の場合、通常年に2回の募集となるので、なかなか厳しい数字です。

だから、テレビマンにとって、一生に1回でいいから、「自分で企画した番組」をやってみるというのは夢ですし、ぼくも、企画を通す前はずっとそう思っていました。

そしていまでも、その醍醐味は変わるものではありません。

なんせ実現すれば、何百万人という方に自分が「おもしろいでしょ!」と思うものを観てもらえるのですから。

ぼくはこれまで、いくつかの番組企画を通してきました。

そのすべてを、ザッと並べてみます。

この項は…

- 企画を通すための「近道」を知りたい
- 社内でのプレゼンスを確立したい
- 自分のスキルを異次元に高めたい

人におすすめ

・『歌って覚えまショー』
（生活の知恵をひたすら変え歌で紹介する番組）

・『ジョージ・ポットマンの平成史』

・『速報！明日したいことランキング』
（イベントや記念日など「明日起こる予定」のすべてを楽しそうな順にランキング化）

・『美しい人に怒られたい』
（美しい人に、ただただ怒られるだけの番組）

・『家、ついて行ってイイですか？』

・『吉木りさに怒られたい』

・『カメラ置いとくんで、一言どうぞ　～街中に、カメラ放置してみました～』
（商店街や競輪場など、街中の雑踏に三脚にセットしたカメラを放置し、「一言どうぞ」という張り紙をしておくだけ）

・『激辛ドM男子』
（ストレスを、激辛なものを食べて発散させる変態を描いたオムニバスドラマ）

・『鉄道バラエティ・のってけ天国』

（鉄道でひたすら得をすることを目指すバラエティ）

・『ウソのような本当の瞬間！30秒後に絶対見られるTV』

（テンポを重視し、衝撃の瞬間を30秒後に見せる番組）

・『くもじいの休日』

（『空から日本を見てみよう』のスピンオフ番組）

・『文豪の食彩』

（文豪が愛したグルメを切り口に、文豪の作品を読み解くドラマ）

・『大正生まれだけど質問ある？』

（大正生まれの老夫婦に、ツイキャスで質問を募集し生で答える）

・『嫌いな人を好きになる方法』

（会社にいる、さまざまなウザい人間を好きになる方法を、学術的に研究する）

・『「人生を諦める技術」講座』

・『ダイエットJAPAN』

・『パシれ！秘境ヘリコプター』
（山奥の限界集落などをオードリーの春日さんがヘリで訪れ、「ヘリ使ってなんでもパシリます」と御用聞きし、そのお願いを実現する）

・『世界196カ国で家を買う』
（世界196か国で家を買おうというバラエティ。ただし、視聴率悪すぎて1回で終了）

思えば好き勝手な企画が多く、ほぼ自分の趣味の企画と言っても過言ではないものばかりです。視聴率が苦戦したものも多数あります。でも、20本近い「新しい番組」を立ち上げられたことは、本当にテレビマン冥利に尽きると言えます。

ではなぜ100倍近い倍率の中、企画が通るのか。それは、おそらく単純です。

「圧倒的な企画書の数」だと思います。

企画書を作るというのは、そこそこ骨の折れる作業です。放送作家さんと作る場合と、ひとりで作る場合がありますが、アイディアをあでもない、こうでもないとひねりだしたら、それに「企画意図」などで肉付けし、「構成案」を作って現実性をアピールしながら、たいていA4用紙で4～5枚。多いと数十枚に及びます。

応募数に限りはありません。アイディアが出るなら、いくつ出したっていいのです。番組企画の提出本数は、たいていの人は1〜3本。相当多いなと思われる人でも5〜7本です。5〜7本出せば、「編成」という企画を選ぶ部署から「あ、こいつ企画相当出してるな」と目をつけられ、そのうち企画が通る機会が回ってくるものです。

しかし、2018年春の企画募集に際してぼくが出した企画は、次の通りです。

・タイムスリップ スポーツ中継
・ここが凄いよ！ 日本の皇室
・みたくない真実みちゃう？
・輝け！ 内部告発アワード
・死後、オンエアしてください
・9割寄付！ TVを作るかねで世界を良くする
・世界196ケ国で家を買う！
・人知れず、正義
・そこまで、言う？

・鶴瓶、66歳で初体験
・愛する我が子が突然消えた！
・空から発見！　なぜそこハウス
・実録！　なぜ、やった？
・ドライブしません歌
・ドMジャパン
・女旅打ち
・告白換金ショップ
・残念ジャニーズ
・「？？？？？」
・高学歴ドロップアウター
・芸能界　〝事務所対抗〟駅伝
・輝け！　全国　〝こんな人だけ〟歌謡祭
・どっちがツラいか教えてください
・ジョージ・ポットマンの平成史２０１８

・シニアのためのyoutuber講座
・このお金、どうぞお使いください
※但し、全部撮影させていただきます
・「人生を諦める技術」講座

とりあえず、合計27本の企画書を送りつけました。

これは、もはや嫌がらせに近いとは自覚しています。でも、とりあえず、毎回自分の限界にチャレンジしようと思って、ギリギリまで努力するようにしています。

ここで注意したいのは、「ただ27本送りつけるだけ」ではダメなのです。

「すべてが最高の、27本の企画書」であるべきです。

27本も出されたら、企画書を読むほうだって大変です。そこまで嫌がらせのように大量の企画書を送るからには、すべてが甲乙つけがたいほど完成度も高く、少なくとも自分だけは「おもしろい」と言える自信作でなければ、完全な迷惑行為です。

どの企画が通っても、「絶対おもしろい番組になります！」と胸をはれる完成度に仕上げるべきです。

「いや、非効率だろ。1本の完成度を上げればいいじゃん」

そう思われる気持ちはわかります。

でも、**「圧倒的な量」は、それだけで人目をひきます。**

ちなみに、この2018年春の企画募集で通った番組の1つ『「人生を諦める技術」講座』の企画書は、文字もビッシリ入って**18ページ**ありました。

やはり、「圧倒的な量」は、確実に人を惹きつけるのだと思います。

でも、ここが大事なのですが、圧倒的な量の企画書は、**睡眠時間を削って、一夜漬けで、ボロボロになりながら作ってはいけません。**そんなことやってても、続きません。すぐに体壊します。

だからこそ、前項で紹介した「時間の使い方のバランスを崩壊させる技法」が大切になってくるのです。また、毎回同じテーマの限界を、常に突破し続けようということでもありません。1年で人より3か月分も多く使える時間をムダにせず、コツコツと、1つずつ「限界に挑戦するテーマ」を決めて時間をあてればいいだけです。

この27本の企画も、半年ほどかけて、放送作家や制作会社とコツコツと打ち合わせを重ね、少しずつ作り上げたものです。

8

全部ひとりカ

「分業」をやめると差別化できる

「人の1・5倍頑張れ」「時間を確保しろ」「限界を突破しろ」などと書いてきました。

「えっと、何のためにそんなことするんだっけ……？」

大丈夫です。本書の目的を見失っているわけではありません。すべては、「1秒でつかみ、1秒も飽きられないような、見たこともないおもしろいものを作る」ためです。

そのためには、自分の仕事のスキルを、「より深く」「より広く」という2つのベクトルで上げる必要があります。

より「広い」スキルを身につけると、そこからしか見えない景色があるはずです。

より「深い」スキルを身につけると、そこからしか見えない景色があるはずです。

この項目でお伝えするのは、「全部自分でやってみる」という方法です。1つめの「広さ」です。

たとえば、テレビ番組作りで重要な部分を占めるスキルは「台本・脚本」「カメラ」「ナレーション」「演出」の4つです。

この項は…

- PR・営業における「メッセージ性」を高めたい
- 企画・コンテンツに「自分の世界観」を込めたい
- 何を「引き算」すると、どんな「効果」があるのか見極めたい

人におすすめ

この4つそれぞれに1・5倍の労力をかけ、すべてのスキルを磨く。そしてそれらを総合し、「全部自分ひとりでやってみる」という目標を掲げてみよう、という話です。

「いや待てって。それ、めっちゃしんどいだろ（笑）」

正直、ぼくも、しんどいのはイヤです。できるかぎりラクしたいです。「アンチ分業」と「でもラクしたい」という矛盾を解決する方策を踏まえながら、お伝えしていきますので、どうか安心して読み進めてください。

文系なら大学1年目で強制的に読まされ、意味がわからないでおなじみの**マックス・ヴェーバー**が指摘したように、「組織における近代化」とはすなわち「専門化」の過程であり、専門化がもたらすものはすなわち「分業化」。処理すべき情報や習得すべきスキルがどんどん膨大になる「近代化」とは、「分業化」が進行する過程そのものです。

そして残念なことに、**組織で行われる「ものづくり」の分野も、分業**

化が進んでいきました。 テレビも、それ以外の業界でも、そしていまもなお、「より細かく」というベクトルで専門化・分業化が進んでいることは、肌感覚でおわかりになると思います。

あえてこの波にさからってみる、というのが「全部ひとり力」です。

この分業化の波にのれば、たどり着く先はみんな同じ浜辺です。

でも、その波に逆らえば、たどり着く先は、海の向こうにある別の島です。

もちろん波だから、逆らうには労力が要ります。だから、「1・5倍の頑張り」が必要なのですが、その先に見える景色は、テレビの場合、「分業化」という近代化の過程で置いてきた、「ものづくり」の原始的な魅力かもしれません。

それは**「メッセージ性の強さ」**です。そして、それを担保するのが、「1・5倍力」で述べた「ストーリーの精度」や、「1カット1カットの画の強さ」なのです。

つまり、**仕事において極めたスキルの「広さ」は、コンテンツにおける「深さ」をもたらします。**

じゃあ、どうやるのか。その結果、具体的にどんなメリットがあるのかを書きます。

ぼくの本業であるテレビ番組作りの場合、たとえば先に列挙した、「台本・脚本」「カメラ」「ナレーション」「演出」の4つすべてをひとりでやるということです。

カメラと演出は、本来一体であるべきです。なぜなら、完全な演出意図は、演出家の頭の中にしか存在しません。ある時点での演出プランはカメラマンさんに伝えることができても、最適な演出プランは、取材中に刻一刻と変わっていくからです。

瞬時に起こった出来事に対して、演出家が望むカメラワークをカメラマンさんに伝えようとすれば、そこには必ず数秒の「遅れ」が生じます。その数秒の間に、カメラをふった先にあるはずだった奇跡のアクシデントは、すでに終了しているのです。

ですから、完全に「決め撮り」であるドラマや歌番組以外の、**「何かアクシデントでおもしろいことが起こる可能性のある映像コンテンツ」では、本来、演出家の意図とカメラワークが完全に一致しているべき**です。

そうあって初めて、物事の魅力を最大限に描き出すことができると考えています。これが、スキルの「広さ」を追求する目的です。

これを理解しているディレクターが、「真におもしろい映像を作りたい」と思うならば、おのずとこういう考えに至るはずです。

アイリスやフォーカス、シャッタースピードといった「カメラの機能」を熟知すべきだと。パーンやズームイン、フォーカスインなどの「カメラワーク」についても、その意味をとことん突き詰めるべきだと。ヒキやヨリ、さらには何をフレームの中におさめるか、外すかといった「構図」もとことん勉強し、こだわるべきだと。

これが、スキルの「深さ」です。

こうしたカメラ技術1つに対するこだわり（スキルの深さ）を、「1・5倍力」と「1年＝15か月力」を使って、「脚本執筆」や、「ナレーション」においても同じように突き詰めて、その先に「全部ひとり力」を実現していくのです。

ぼくはディレクター時代、いつもこれを目標にVTRを作ってきました。

『空から日本を見てみよう』で2時間特番を担当した際も、ディレクターはひとり。

通常、2時間特番は5～7人くらいのディレクターで担当します。演出、カメラ、台本・脚本、オフライン編集をすべてひとりで行いました。

だからこそ、2時間の中に描きたいテーマをしっかり打ち出せます。

『世界ナゼそこに?日本人』という番組を担当していた際でも、カメラ、演出、構成台本、ナレーションは、必ずひとりですべてやるというスタイルを徹底していました。

ペルーの世界最大級のスラム街に、覚せい剤中毒の男に発砲されながらも、自分のカメラ一本で潜入していく。

イランのテヘランを取材した際にも、なぜかどこかからいつも自分たちを監視している警察に、ただ街を撮影しているだけなのに何回も連行されながら、カメラを回し続ける。連行された警察署で、レンズにフタをして、カメラを構えるのはやめたにもかかわらず、RECスイッチだけは、「切り忘れて」、映像はレンズのフタで真っ黒ながら、警察署で理由もなく取り調べを行う音声だけは収録しオンエアする。

ペルーの世界最大級のスラム街カラバイーヨ

そうした状況は、まれにみる極限状況でしょうが、他人であるカメラマンさんには決してお願いできないことです。

ペルーのカラバイーヨという最凶スラムで「発砲されても、瞬時にカメラは外さずに堪えてください！」なんてクレイジーなこと、カメラマンさんにはお願いできません。撃たれて、瞬時にそれこそ「カメラは止めない！」と0・1秒で判断して自分が回し続けるしかないでしょう。だからこそ、スラム街のリアルな実態をカメラに収めることができるのです。

警察国家でおなじみのイランの警察署で、取り調べが始まろうとしているのに「あ、RECスイッチ切り忘れないようにね」なんて、わざとらしくカメラマンさんにお願いすることなんてできません。すでに、身柄拘束されてるんですから。瞬時に「マイクは止めない！」と0・01秒で判断してRECスイッチを「切り忘れる」しかないでしょう。

だからこそ、警察国家のリアルな実態をカメラに収めることができ

常に危険を確認しながら撮影する

きるのです。あくまで、それは「善悪」の価値判断ではありませんし、ジャーナリスト魂でそれを描こうとしているわけでは一切ありません。そんな高尚なもの持ち合わせてはいません。

すべては、その国に、「それでも住む」日本人の「生き様」と「理由」を描く上で、必要だと思ったから撮ってオンエアで使ったまでです。

ペルーにはペルーの、イランにはイランの事情や課題があるのは重々承知です。

スラムに集まる若者には夢がありましたし、イランの警察は、最後にはたいてい、いい人だと思えました。そして、何より実際、イランは本当に治安が良くて住みやすい面もありました。

肯定も否定もせず、良いところも描き、その国の制約や不自由さや危険も描かなければ、リアルは伝えられないのです。

さて、お待たせしました。

とりわけ映像コンテンツにおいて、「全部ひとり力」で得られる最大のメリット。

それは、**圧倒的なリアルを表現できるようになる**ことです。

リアルでなければ、そんなもの、魅力は半減です。

圧倒的なリアルこそ、「見たことないおもしろいもの」へ一歩近づく近道なのです。


そして、**リアルはたいてい「瞬時」に起こります。**

なぜなら次の瞬間、気づいた人物（当事者・他人問わず）の修正が入りますから。

イランやテヘランのような極限状況ではなくても、『家、ついて行ってイイですか？』のような半径10メートル以内の取材でもそうです。

部屋に入って別の話をしながら押入れに何かを隠そうとしていたり、妻が何かをしている時の夫のソワソワした表情だったり、そういうリアルなシーンは、常に、「瞬間」に訪れます。

ですから、『家、ついて行ってイイですか？』では「ディレクターカメラ制」を徹底しています。この番組にも「カメラ=演出一体論」の思想、そして「徹底的なリアルの追求」という考え方が通底しているのです。

どのリアルを切り取るか、否か。あるいは、どう切り取るか。

それは演出そのものだからです。

もうおわかりでしょう。

「分業化」は、「圧倒的リアル」を追求する演出に、大きな制約をかけてしまうのです。

近代化の過程で分業化が進んだのは、それが全面的に優れていたからではありません。効率化のためであり、覚えることが増えて大変になるのを避けるためです。

つまり、**分業化は、人間がラクをするために、別のメリットを捨てたトレード・オフとしての選択の1つにすぎなかった**のです。

ということは、「分業」にあえて逆流して「全部ひとり」でやってみると、ものづくり本来の原始的な魅力に触れることができる。

さらに、そんなこと誰もやろうとしないのですから、**やった人だけが、他のコンテンツと確実に差別化できる力を得る**のです。

しかし、正直ぼくも、あまりにしんどいのはイヤです。

だからこそ、その「アンチ・分業」vs「でもラクしたい」という矛盾の解決策を探す必要がある。これが「バランス崩壊力」なのです。

つまり、いかにラクして「量」をかけることを可能にし、アンチ分業で「スキルの深さ」だけでなく、「スキルの広さ」の獲得をなるべく実現し、「コンテンツとしての深さ」を得るか。これが大切です。

ちなみに、この「全部ひとり力」は、ずっと続ける必要はありません。そんなことをすれば、これまた体が持ちません。

仕事のどのスキルがどういう相乗効果をもたらすかを理解できたあとは、企画やプロジェクトに応じて、必要なスキルを引き出せるようにすればよいのです。

9

ルーティン本気力

神は「細部にしか」宿らない

前項では、「1・5倍頑張る」ことで仕事で極める、スキルの「広さ」の効能についておもに述べました（カメラのとこで、少しだけ「深さ」についてもふれましたが）。

この項目では、仕事で極めるスキルの「深さ」について、さらに述べていきます。

ぼくは仕事をなるべく「朝4時まで」に区切りをつけて終えたいため、閉店が絶妙に4時というテレ朝横の六本木TSUTAYA内のスタバで仕事する事が多くあります。

この項目で紹介する方法論は、その六本木TSUTAYAにある書店の1階に置かれた「効率性」や「楽チンさ」を前面に出した仕事のスキル本とは対極にあります。

しかし、誰も手をつけないからこそ、めちゃくちゃ差がつく領域の話です。

仕事の中には、必ず「ルーティンワーク」があると思います。

PR担当なら、クライアント用の企画書の作成もありますが、**マスコミへのプレスリリース作成**もあるでしょう。

営業担当なら、お得意先への訪問もあるでしょうが、**ノルマが達成できなかったことを上司に説明する資料作り**があるでしょう。

地味に時間を取られる**予算書作成**もあるでしょう。

この項は…

・「資料1枚」で圧倒的に差をつけたい
・自分の「仕事の本質」を理解したい
・「苦痛な仕事」の意味が見出せない

人におすすめ

そうしたルーティンワークは、日常業務の中でもっとも多く、「会社のためにやらなくてはいけないこと」であったりするため、自分のスキルアップとは結びつかなそうだし、地味だし、楽しくなさそうな作業です。だから、効率悪いし、できるだけやらないためにどうするかを考える、という選択肢に陥りがちです。

しかし、「おもしろいもの」を作るという目的のため、とりわけ人がやりたがらないルーティンワークと超真剣に向き合うのが本気でおすすめです。

なぜなら、僕の場合はその経験から、「昔は見えなかったさまざまな景色」が見えてきて、本書のテーマである**「1秒でつかむ」、そして「1秒も飽きられないで」観てもらうための技術に直結した**からです。

その技術の正体とは何か?

ここから先、この本には、その技術そのものを「体験」していただくための仕掛けを用意しています。

ルーティンワークをスキルとして深掘りすることには、2つのメリットがあります。

(1) 現在の業務に絶対必要だから便利
(2) 競争相手が少ないから勝ちやすい

1つめは、「業務時間内にできる」ということが、何より大きいメリットです。

93ページの時間配分の図を、もう一度持ってきます。

★仕事（いまのミッション・ルーティン） 8時間
仕事のスキル磨き 1時間
食事 2時間
プライベート 2時間
必要な家事・身の回りのこと 1時間
通勤時間（往復・ドアtoドア） 2時間

この、最も大きい「8時間」の中から時間を使えるのです。

そして、ルーティンワークは、業務内容そのものですから、「仕事のスキル磨き」よりも、日々の仕事に直結するメリットがあります。つまり、損はない。

テレビ番組作りにおけるルーティンワークは、「編集」という作業です。

ロケやタレントとの打ち合わせなどは、華やかだし、知らない場所に行けるので、アクティブで楽しいです。しかし、それを「放送時間」にまとめる編集作業は、数十時間、イスに座りっぱなしでパソコンとにらめっこするので、体力的にとても苦痛です。

華々しさのかけらもなく、孤独で地味で、ロケで撮影した素材をチョイスするだけの作業ですから、「なんら創造的な仕事ではない」と思っているテレビマンも多数いますし、編集が嫌いすぎてディレクターの道を諦める場合さえあります。

しかも、映像や文字だけではなく、音声も編集しなければならないので、「お気に入りの音楽をかけてテンション上げながら」みたいなこともできません。ただただイヤホンをして画面にかじりつき、撮影した素材と向き合うストイックな時間です。

ぼくも編集が苦痛に思えることが多々ありました。2~3時間の仮眠などを除いて、ほぼ毎週金曜日と土曜日を**最低40時間、なるべくぶっ通し**で編集作業にあてることにしているのですが、この2日は眠くて仕方ありません。クロレッツのブラックを食べすぎて、週末は常にお腹を壊しています。キシリトールガムに至っては、噛み過ぎてアレルギー体質になり、キシリトールを食べると謎のブツブツが出る体になってしまいました。

そこまでしてやる編集という作業には、3つの行程があります。

(1)どのシーンを使い、何百カットで番組を組み立てるか決める

(2)その数百カットを「どういう順番で並べるか」を決める

(3)並べ終えた数百カットを、1カットずつ、使う長さを決める

この(3)が、ヤバいのです。

テレビの1秒は「フレーム」とよばれる30枚の静止画で構成されています。そのため、**1カットずつ、30分の1秒単位で、**ああでもないこうでもないと長さを調整

していくのです。大変骨の折れる作業ですし、ザ・ルーティンワークっぽいのです。『家、ついて行ってイイですか？』が始まる際、この編集作業をどうするか、とても悩みました。この番組で、ぼくは「演出」という立ち位置で、毎週の放送に対して責任を負います。毎週最低40時間以上確保するというのは、とても困難でした。

しかし、挑むことにしました。その大きな理由の1つは、(1)と(2)の作業は、「ストーリー作り」の本質そのものであると思ったからです。

そして2つめに、このあまりに地味な作業を、誰もやったことないほど時間をかけて向き合い、数年続けたら何が見えてくるのか、興味がわいたからです。

これは、山登りに例えると、どこにつながっているのかわからなくて、しかも急で大変だから人が行きたがらないけもの道を登るようなものです。

いまも、まだまだその途上です。でも、いまだからこれをやったほうがいいと思えるのは、次の2点を体感として理解できたからです。

①神は細部にしか宿らない
②ルーティンの森を突き抜けた先に「絶景」がある

「神は細部に宿る」というのは、ものづくりの世界でよく使われる言葉で、近代建築の巨匠ミース・ファン・デル・ローエ*が好んで使った言葉と言われます。これは西洋美術に昔からある古典的な思想で、**ディズニーのテーマパーク作りや、アップルのデバイス作り**なども、徹底的に細部にこだわることで知られています。

そこまでたいそうなものと比べずとも、テレビ番組を自分の手で作っていると、この「神は細部に宿る」という言葉を、事あるごとに実感するのです。

取材対象者が「おもしろいはずの」発言をした後、2・5秒そのカットを残すのか、3秒残すのか、その**0・5秒で、笑えるか否かが決まる**のです。取材対象者が「初めて打ちあけた本音」を語ったあと、無言のシーンを3秒残すのか、3・5秒残すのか、それで視聴者の心をうつ度合いは、まるで異なるのです。

30分の2秒の「目のわずかな動き」に隠された意味。

30分の1秒でもできるだけ延ばしたい無言の「間」。

30分の1秒に間違いなく、「笑いの神」や「感動の神」が宿っているのです。

＊20世紀のモダニズム建築を代表する、ドイツ出身の建築家。ル・コルビュジエ、フランク・ロイド・ライトと共に、近代建築の三大巨匠とされる

そういう**徹底的な細部を突き詰めて積み重ねることが、番組全体のクオリティや評価につながります。**

これが、仕事の「スキルの深さ」が生み出す、「コンテンツの深さ」です。時にそれは、コンテンツに興味を持ってもらえる人の範囲、すなわち「コンテンツの広さ」にもつながってきます。

その作業は、イメージとして、刀鍛冶職人が刀を研ぐイメージに近いと思うことがあります。毎日カンカンカンカン鉄を叩いて、来る日も来る日もシュッシュシュッシュと砥石で研いで、そこにどんなこだわりがあるのかぼくにはさっぱりわからない。

しかし、「名刀」を生み出す匠には、その一打ち、一研ぎに並々ならぬこだわりと思想があり、それが数年、数十年と続けられるうちに、当の職人以外にはまったくわからない微妙な差異が、試行錯誤され修正されていくうちに、素晴らしい刀を作れるようになるのと同じだと思います。

はじめは半信半疑だった、ひたすら毎週末を編集に捧げるというドM行為を続けていくと、急に視界が開けたようにいろいろ見えるようになってくるものがあります。

それは、ひと言でいえば、**編集の本質とは「ストーリー作り」に他なら**

ないということ。そして、「ストーリーとは何か」ということでした。

これが②ルーティンの森を突き抜けた先にある「絶景」です。

具体的には、次のようなことです。

・事実の羅列は、まったく意味をなさないこと
・取材した素材（＝事実）に作り手が意味を解釈することこそ、ストーリーであること
・ストーリーなき編集は、まったく意味がないこと
・人の心に何か感じさせるためには、必ずストーリーが必要であること
・その意味づけの過程で、あくまで取材対象者の気持ちを徹底的に理解しようという姿勢が演出家にとって不可欠であること
・しかし、完全な理解は不可能であるということ
・完全ではないからといって、それを諦めてはいけないということ
・取材対象者の自己解釈には、取材対象者さえ「無意識」な領域があるということ

- 言語とは、言葉の文字面として理解されるべきではなく、それを発するときの表情、文脈、さらには発した人物の受けてきた教育、接してきたカルチャー、その時誰が一緒にいるか、など無数の条件によって当然変わるということ
- 言語は、常に一定の意味を表すのではなく、受け取り手の解釈にさらされるしかないのだということ
- そうして解釈したアウトプットである編集もまた、常に視聴者の解釈にさらされるしかないのだということ
- 撮影（取材）と編集のタイムラグは、あくまで技術的な問題でしかなく、本来は「撮影（取材）」＝「第1回目の編集」というのが理想的な形であるということ
- つまり、常に「編集」を意識した撮影でなければ、取材対象者の魅力は描けないこと
- 完全に客観的な撮影というのはありえないということ
- ディレクターが取材者に接触した時点で、その接触が行われる前とは、取材者の考えも運命も変わるはずであるということ

・だからこそ作り手は、自身が取材対象者に与える影響を、見て見ぬフリをするのではなく、むしろ自覚してふるまうべきこと
・そして必要ならば、その作り手の「触媒としての影響」そのものまで、意識して取材するべき。そして、それをしっかり認識した上で編集するべきだということ
・作り手自身がもっている偏見とは何かを考えること
・それを認識することが、より真相に近づける道だと気づくこと

これこそ、ぼくが、冬になるとガラス張りの窓の外の欅坂の青いイルミネーションが絶景の六本木TSUTAYAで、隣でいちゃいちゃしながらワッフルみたいなのを食べながら楽しそうに『るるぶ』を広げて来週の旅行プランを話し合うカップルの話に耳を傾けながら、ひたすら編集機と過ごすことで見えてきたものです。

数え上げればきりがないですし、あたりまえだろと思うようなことも多くあります。しかし、知識としては知っていた「あたりまえだろ」ということを、実感として、より鮮明に理解できるようになったのです。

「ストーリー作り」とは何か。
より多くの人にみてもらえる「ストーリー作り」の技術とは何か。
人々の心に深く突き刺さる「ストーリー作り」とは何か。
その核心だと思います。
そして、そのためにはどうしたらいいのか。
ここから先の項目は、そのすべての武器を書きます。
その過程で、不思議な感覚も味わいました。それまではまったく理解できなかった、
「古典」の内容を体感できたことです。

- ソシュールに代表される「記号論」や
- ロラン・バルトに代表される「構造主義」や
- ヘーゲルやヴェーバーの論じる「客観性」や
- ハーバーマスの「コミュニケーション的行為」や
- フロイトの論じる「無意識」など

なんとなく大学で強制的に読まされて吐きそうになったさまざまな「表現」に関する概念が、急に視界が開けたようにクリアになって理解できる瞬間がありました。専門的な訓練を積んだ研究者なら、このような地道な作業を経ずとも理解できるのでしょうが、一介のサラリーマンである自分には無理でした。

しかし、毎週末をただひたすら深夜の六本木TSUTAYAで編集に費やし、金曜日で楽しそうなまるで「東京カレンダー」から出てきたかのようなリア充を脇目に。向かいの1OAK（ワンオーク）とかいう激チャラのクラブに顔パスで入って休憩がてらコーヒーを飲みに来る露出が大変目の保養になる楽しそうなリア充ギャルを遠目に。自分など社会人になるまで敷居が高くて来ることのなかった六本木の夜を気負うこともなく庭のように歩き試験勉強と称してただひたすらイチャイチャしながらクソ甘そうななんとかマッキャートを飲んでいる見るからにリア充な慶応生カップルを脇目に。閉店の朝4時までひたすら「30分の1秒」を削る作業に費やしたからこそ見えた景色です。

どこまで、そんなドM精神を発揮して高い山に登るかは、それぞれの判断でよいと思います。しかし、面倒で人がいやがる「ルーティンワーク本気力」の先には、何らかの

「絶景」が必ずあります。それこそが「見たことないおもしろいものづくり」の強力な武器になると断言します。

テレビでなくとも、PR担当の方が、マスコミへのプレスリリース作成に異常な情熱を注ぐならば、1OAKから休憩にきたチャラいギャルがコーヒーを飲んでいる席の前をすりぬけてビジネス書コーナーの脇にあるデザインや配色の入門書コーナーへ行き、配色のもつ効果を徹底的に分析すれば、席へ帰りざまに、目の保養にはなるけどヒールとコートの色の組み合わせはあってないな、「アルバース気取りかな、フフ」とちょっと性格の悪い笑いを少しだけ嗜めるだけでなく、**そのプレスリリースは、より効果的な色彩を得て、少しパワーアップする**ことでしょう。

＊ジョセフ・アルバース。配色に関して不協和の重要性を指摘した美術家。1888〜1976

あるいは営業マンが上司にノルマが達成できなかった理由を説明する資料作りに情熱を注ぐならば、「そろそろ眠いから帰ろうよぉ〜」などとさらにイチャつきはじめた慶応生カップルを脇目に、頼んだエスプレッソ・ドッピオを飲み干して、いままさに六本木のTSUTAYAにあると信じたい「とある書籍」の第2章と第3章を読めば、なぜノルマが達成できなかったのか、理由を分析したその文章で上司を泣かせるだけでなく、

なぜ、ノルマが達成できなかったかという根本的な本質に迫れるかもしれません。

では、進めます。

「ストーリー作り」とは何か。

「多くの人に見てもらえる」ストーリー作りの技術とは何か。

「人々の心に深く突き刺さる」ストーリー作りとは何か。

まさに、いま述べた「ルーティンワーク本気力」の中から見えてきたストーリー作りに関する絶景の数々です。

それは間違いなく、「物事の見えない魅力」を発見し、引き出して、人々がまったく知らない興味のないものに、頭の1秒で興味もってもらって、途中1秒も離さず、最後まで見てもらって1秒も無駄ではなかったと思ってもらうためには、どうしたらいいか。

そのために、ひたすら考え続けてきた武器です。

キーワードは「りそな銀行」「ナメック星の最長老」「知多半島に抱かれて」です。

第2章 コンテンツの魅力を引き出すためになぜ「ストーリー」が必要なのか？

――「見えない魅力」を引き出し、興味を持ってもらう技術

この章で描くのは、**「物事の見えていない魅力を引き出す技術」**です。

テレビなら、取材対象の魅力です。そして、テレビ以外なら「取材対象」に、自分が魅力を引き出す課題を当てはめてみてください。

・PRなら、自社製品の見えない魅力を「引き出し」、消費者に訴える
・営業なら、自社製品の見えない魅力を「引き出し」、クライアントに訴える

・就活生や転職活動者なら、自分自身の見えない魅力を「引き出し」、企業に訴える

ということです。「引き出し」の部分です。

さて、少しだけテレビの話をさせてください。

ぼくがやっている『家、ついて行ってイイですか?』という番組は、まさに視聴者にとってまったく知らない人のストーリーを「魅せる」番組です。「魅せる」とは、「興味を持って観てもらう」という意味と思ってもらってかまいません。

そして、創作ではなく、ノンフィクションの中にストーリーを発見して、魅せていく**「ノンフィクション・ストーリーテリング」**というジャンルになり、その中でも扱っているものが「市井の人」=まったく知らない人という意味で、とても難易度が高いストーリー作りです。

難易度が高いとは、描く対象に関して、**「共有されているストーリーがゼロなので、イチからすべてを作らなければならない」**という意味です。

しかし、「難易度が高い」と聞いた瞬間、「だからこそ!」というのが、常に挑戦者で

あるべき最下位企業に入社した社員の本領の発揮どころ、そして一番仕事をする上でおもしろいところです。

難易度が高いからこそ、それに成功すれば、「見たことないおもしろさ」になり、より多くの人々に興味を持ってもらえ、その人々の心にも強く印象に残るのです。

ですから、「ルーティンワーク本気力」から見えた、この「見えない魅力を引き出す技術」を、この章では描いていきます。

『家、ついて行ってイイですか?』を例にとれば、「終電を逃した人の家についていく」という企画は決まり、その先の、実際について行かせていただいた方の家の撮影や、インタビューといったVTR作りにあたります。

「ストーリー作り」は、極めて単純に言えば、「撮影・取材」と「編集」で構成されます。単なるシーンや事実の羅列は、それ自体では、何の意味も持ちません。

シーンや事実の中から、

(1) 取材対象者

(2) ディレクター

の誰かが、何らかの意味を見出して解釈することなくしては、エンターテインメントとしても、芸術としても成立しません。

(3) 視聴者

「ストーリー」なくしてコンテンツとして成立するのは、「エロ」や「グルメ」など、人間の本能に訴えかけるジャンルだけです。

もちろん、それは「なくても成立する」というだけで、さまざまな都市で制限時間以内にナンパ・テレクラ・出会い系サイトなどを用いて素人女性とメイク・ラブできるかを競うカンパニー松尾監督の『テレクラキャノンボール』のように。久保ミツロウが漫画『モテキ』を作るキッカケになったと公言する松江哲明監督の童貞脱出ドキュメンタリー『童貞。をプロデュース』のように。グルメをそれを作る料理人が背負う半生や人間関係を描いた上で、さらにバトルという形式で見せることで深夜帯ながら超高視聴率を記録した伝説の演出家・田中経一の『料理の鉄人』のように。さらには「エロ」と「グルメ」という二大本能の、奇跡のコラボレーションを標榜して一流料理店をヤレるかヤレないかという目線で評論し倒すホイチョイプロダクションズの古典的名著『東京いい店やれる店』や、それをもとに映像化した『東京上級デート』のように。「エロ」や「グルメ」にストーリーを掛け合わせることは、歴史に名を刻む名コンテンツを作るヒントでもあります。すべて名作です。

しかし、**多くの男性がエロビデオのストーリー部分を早送りするように、本能に訴えかけるコンテンツは、例外的にストーリーがなくてもコンテンツとして成立する**のです。

けれども翻(ひるがえ)って、**それ以外のほとんどのジャンルでは、必ず「ストーリー作り」が必要**だということになります。

では、そのストーリー作りとは、先ほどの(1)取材対象者、(2)ディレクター、(3)視聴者の、誰が行うのでしょうか。

(1)取材対象者ができるのは、タレントなど本人が表現者である場合です。一般企業で言えば、スティーブ・ジョブズやイーロン・マスクや孫正義のように、経営者やプロジェクト責任者自身が「表現者」として才能がある場合が、当てはまるかもしれません。

彼らは、自分を魅せるプロです。ディレクターがストーリーを作らなくても、自らが見せたいように自分を見せられる。「自分に関するストーリー作り」に長けています。

こうした場合にディレクターがやることは、むしろ本人が見せようとしているストーリーにおける「虚」を見抜き、いかにその裏側にある「実」に迫れるかにかかっています。とはいえそもそも「魅力」をアピールすることがうまいので比較的苦労は少ない。

しかし、一般の方を取材する『家、ついて行ってイイですか?』のような番組の場合、そうはいきません。ごくまれに、天性の才能で自分の見せ方に長け、自分の人生をよく解釈してストーリー化することに長けた一般の方がいますが、たいていの方の場合は、「物語」のプロではありません。ですので、取材対象者自身に頼ってシーンや事実をストーリーとして構成するだけでは不十分すぎます。一般企業でも、ほとんどの場合、スティーブ・ジョブズや孫正義はいないでしょう。

では、(3)視聴者にいきなり「ストーリー」の発見を委ねるというのはどうでしょうか。結論から言うと「非現実的」であり、そもそもそれは作り手としての自己否定です。

というか、視聴者や消費者の皆さんは、そんなにヒマではありません。

日々の仕事もあり、家事もあり、育児もある中のわずかな時間をぬって、スマホや書籍などといったライバルを押しのけて、テレビという箱にほんのわずかな時間向き合ってくれているにすぎません。

ですから、膨大な事実が垂れ流されているような番組を、脳に負担をかけて解釈するような時間的余裕なんて、なくてあたりまえです。仮にそういうことがしたいというガッツのある方がいても、その方はそもそも「テレビ」という箱を通さずとも、まわりの社会や人間関係を観察し、解釈し続けることで、同じ目標が達成できます。わざわざテレビというツールを使う必要はないのです。

だからこそ、(2)ディレクター、つまり「作り手」が、シーンや素材の意味や魅力を、なるべく引き出し、解釈をして、「ストーリー」として構築する必要があるのです。

事実は、ストーリーになって初めて、共感、拒絶、感動、号泣、応援したい、励まされたいといった、さまざまな感情を視聴者に感じてもらえたり、時に自分の人生や社会を考える問題意識を育む一助となったりするのです。

もちろん、こうして作り手が描き出したストーリーを、さらに(3)の視聴者がさらに、どういうストーリーとして解釈するかも大切です。作り手の描いた通りに受け取っていただく必要はありません。それはあくまで、作り手が感じた仮説でしかありません。むしろ、シーン・事実のまったくの羅列ではないものの、視聴者にストーリーの解釈を大幅に委ねるようなストーリー作りも多く存在します。

この作業が、前章の「見たことないものを作る」、つまりテレビなら「見たことない企画を作った」あとに行うべき作業であり、第2章のテーマとなる「見えない魅力を引き出す方法」。VTR作りであり、ストーリー作りです。

いちおう断っておきますと、どうしても通常の日本語で「ストーリー」というと、小説やドラマのようなフィクションを想像してしまうかもしれませんが、そうではありません。ノンフィクションのジャンルにも、すべてストーリーは存在します。それが、さきほどチラッといった、「ノンフィクション・ストーリーテリング」という技法です。

フィクションにおける「ストーリー」と、「話の構成」という意味では同義です。

しかし、「事実に基づき、その事実・シーンの意味を解釈、意味付けし、より魅力的なものにする」という点においては、ドキュメンタリーや、ドキュメント・バラエティー独特のものとなります。

本書では、ノンフィクションにおける「ストーリー」という言葉を、この2点の意味を含むものとして使っていきます。

そして、ストーリー作りや、見えない魅力を掘り出す方法は、たとえば、**PRする製品の背後に隠された魅力や、営業する製品の誰も知らない魅力を発見して伝えていく作業**と、本質的にまったく変わりません。

企業活動とは、ストーリー作りそのものですから。

結婚相手の本性を見抜く技術としても使えるかもしれませんし、自分の人生とはなんだったのかを経験してきた事実に基づき、意味付けし、その魅力を発見し、伝えていくという意味では、**就職活動の自己分析**という作業も、本質はまったく変わりません。仕事も、プライベートも、就活も、本質はすべて「事実のストーリー化」で成り立っています。

本論に入る前に、しょうもない話を1つだけしておくと、自分がまだ若い頃、獨協大学に通っていた彼女がいました。ちなみにこの時ぼくは20代です。大学生と付き合ってもキモくない年齢だったことだけ言い訳しておきます。

付き合ってほどなくして、彼女が就活に突入し、自己PRや自己分析の相談を受けました。そこで、ちょっと変態かと思うくらい徹底的に彼女の人生と行動の動機に質問をぶつけ、彼女の人生の魅力とは何かを話し、研究し、人生をストーリー化しました。

結果、彼女いわく**獨協大学で初めて電通に入社**しました。もちろん、彼女にそれだけの能力と魅力があったから突破できたのですし、ドラゴンボールのフリーザ編で、ナメック星の最長老がクリリンの潜在能力を最大限まで引き出したように、彼女自身が持っていた人生の意味や魅力を引き出す手伝いをしたにすぎません。

しかし、自分の人生にしろ、自社の製品にしろ、「ストーリー化」、つまり**「事実を解釈して魅力を最大限に引き出す」というのは、それほど結果を劇的に変える力を持っています。**

そして、そもそもせっかく魅力を持っているにもかかわらず、その魅力をすべて引き出し切らないなんて、とてももったいないと思います。それは、人生においても、仕事においても、VTR作りにおいてもです。ディレクターとは、ひと言でいえば、「物事の魅力を引き出す職人」なのです。

事実やシーンをそのまま提示するなら誰が作っても差異はないのですが、それを解釈

し ストーリー化するという段階を経ると、それは世界に1つしかないものになります。

たとえば、AというチョコレートとBというチョコレートがあるとします。

見た目や味はあまりかわらなかったとしても、ひょっとしたら、その背後にあるそのチョコレートが開発されるまでの開発秘話や、開発担当者の思い、さらに彼が背負っているものまで消費者に思い描いてもらうことができたなら、それはまったく別物で、みたことない、世界に1つだけの製品になるはずです。

補足

ここは、**「ノンフィクション・ストーリーテリングってなんだよ」**と思った方だけ読んでください。かなりキモいので、それ以外の方は飛ばしていただいて大丈夫です。

「ノンフィクション・ストーリーテリング」という概念は、あまり定着していません。なので、「ノンフィクションの中にストーリーを見出す」という発想自体、ノンフィクションじゃないではないか、という印象を持つ方も多いと思います。

しかし、そうではないのです。

「現実世界（＝取材対象者、あるいは取材対象物）」、「媒介者（＝ディレクター）」、「受け取り手（＝視聴者）」という3者を想定した時、**「媒介者」が、「どう伝えるか」と考えた時点で、それは「ストーリー」そのもの**だからです。

それは、虚飾を施すとかヤラセとか、そういうことではありません。

「どう伝えるか」には、100時間の現象をどう1時間にするかの過程での、価値判断も入ります。それをどういう順番で並べるかにも価値判断が入ります。1時間のものを1時間で描くにしろ、2台のカメラで同時に撮影した映像のどちらをどの配分で使うかにしろ、価値判断が入ります。

1時間のものを1時間でそのまま放送しても、そのまま放送するという選択が、放送するに値するか否か検討して放送していることこそが、価値判断そのものです。その**「価値判断」こそが、ストーリー作りがすでにスタートしている証**です。

そして、仮に「媒介者」がいないとしても、現実世界を受け手が直接受け取った時点で、過去の記憶や経験に照らしてどう解釈するか、という自分の頭の中での作業から決して免れることはできません。

すなわち**現実世界はすべて「ストーリー」として認識されている**という根本をまずお伝えしておきます。

それをコンテンツとして消費するということは、現実世界を、まずは媒介者が認識したストーリーとして表現し、それを受け手がさらに自分の中でのストーリーとして位置づける、ということなのです。

つまり、**ノンフィクションは、すべてストーリーです。**

さきほど、「単なるシーン・事実の羅列は、それ自体では何の意味も持ちません」と述べましたが、それはつまりこういうことです。

シーン・事実の羅列は必ず「意味」から逃れられない。「意味をなくす」という意図さえ、そもそもそれが「意味」である。そうであるなら、「意味」を描くことに自覚的で、その「意味」を突き詰めていないものは、コンテンツとしての価値が低い。

ただし、それは次の2つの例外がある。1つは、取材対象が人物で、その人物が自分自身のストーリー表現に長けており、その人物自身のストーリーをなるべく視聴者にダイレクトに届けることが適している場合。もう1つは、取材対象がモノでも、それの魅力がとても大きく、ダイレクトにわかりやすい場合。

例外の部分は、たとえば「ミスチルのドキュメンタリーを見たいから、ディレクターがしのごのせずにミスチルの良さをそのまま見せてくれ」とか、「京都の紅葉を、へんなことせずにじっくり見せてくれ」というような場合が近いです。

しかし、この例外の部分は、「まったく知られていない」、「自分自身の魅力を描くプロ（たとえばタレント）」などでないものの魅力を描く場合には、あてはまりません。

以上、超厳密に言えばそういうことですが、あまりにわかりにくく、キモい。

そして、単純化しても、本書の目的上はさしさわりないです。

でも、この点を認識したほうが、物事をよりリアルに描けますし、対象物の魅力も、より伝わるように描けます。

ストレス発散など、誰にも見せないことを前提として作る表現以外、すなわち、誰かに見られたり消費されたりする「コンテンツ」であることを前提としたエンターテインメントや芸術には、とても大切なことだと思うのです。

むずかしくて、キモい話におつきあいいただき、ありがとうございました。

10

「心の可視化」力

「見えてるもの」から「見えない魅力」を引き出す

あたりまえのことをいいます。

しかし、「ストーリー」を作る上で、とても大切な3つのポイントです。

(1) 人の心は見えない
(2) 取材者とその受け手には、情報格差がある
(3) そもそも受け手はそんなもん知ろうと思ってない

これを意識するかしないかだけで、「ストーリー」の質は大きく変わります。

(2)でいう「取材者」は、テレビではディレクター、他の業種で言えば、製品の魅力を引き出す**PRプランナー**や、その魅力をプレゼンする**営業担当者**など、あらゆる業種で、**商品・サービスの魅力を「ストーリー」化して伝える人**のことです。「受け手」は、テレビなら視聴者、その他の業種の場合、**BtoBの分野ならクライアント、BtoCの分野なら消費者すべて**です。

エンターテインメントや、ビジネスにおける表現は必ず、「誰かに見てもらいたい」という目的を前提としています。どの業種でも、構造はまったく同じです。

この項は…

・顧客が言語化できない「ニーズ・課題」を読み解きたい
・PR・営業職で、「自分の思いを相手にも感じて欲しい」
・企画・ストーリー作りの基本、「観察力」を身に付けたい

人におすすめ

『家、ついて行ってイイですか？』は、街を歩いているフツーの市井の人の家を見せてもらって、人生ドラマをひもとく番組です。有名人でもないし、とりたててルックスの魅力が群をぬいているとか、そういう特殊性を持っていない人がほとんどです。

では、なぜ、それが「番組」として成立するのか。

それは、その人が持っている人生ドラマ＝ストーリーを見出し、それを「可視化」するからです。

⑴ 人の心は見えない

たとえば、こういうシーンを想像してみてください。

よりおすすめなのは、実際にやってみてください。

あなたは、喫茶店にいます。

やや離れた席にいる人を、変態と思われないように、気づかれないように、コソッと、10秒だけ、見てみてください。

……。

おそらく、はじめは何も感じないでしょう。

では、次にその人を、もう変態と思われるのを覚悟で、でもできる限りバレないように、3分間、観察してみてください。

……………………………………………………………。

どうでしょう。

じつに、さまざまな表情の変化があったのではないでしょうか?

パソコンの中身は見えないけれど、ずいぶん悩ましい顔をしたと思ったら、笑顔になったり。また真剣な顔になったまましばらくそのままだと思ったら、深く息を吸い込んで「フー」と顔を上に45度ほど上げて、勢いよく息を吹いたり。

人間に関するストーリーを描こうとするなら、この表情の変化が大好物になるのが近道です。

・なぜ、真剣な顔なのか?
・なぜ、ため息をついたのか?
・なぜ、笑顔なのか?
・なぜ、怒っているのか?

そうした、表情の変化には、すべて理由があります。
しかし、その理由を知っているのは「その人の脳みそ」だけです。外からは見えない。
表情だけではありません。

・行動している時間　・服装　・発した言葉
・恋愛観　・食事の内容　・職業　・年齢

それらすべてが、意味を持っている可能性があります。

たとえば、「夜中に富士そばを食べている人」がいたとします。

もう少し詳しく見てみると、

- 真夜中の1時に
- アイロンがしっかりかかったストライプのスーツで
- 「はぁ」とため息をつきながら
- 10歳以上、年上に見える恋人と
- 新橋の富士そばでカツ丼セットを食べる
- りそな銀行の胸バッジをつけた30代前半の男

こんな感じだったとします。

その行動や服装など、彼がまとった外に見える情報は、脳の何らかの作用の結果のアウトプットです。その一つひとつが、ストーリーの大切なヒントに他なりません。

でも、それが「なぜ?」なのかはわからない。
まずはこれを強く認識した上で、次の3つのステップで掘り下げていくのです。

①他の人が五感で認識することができる、外に発せられている情報に「気づく」こと。これがスタート地点。テレビなら、それを「映像」として撮影することが第一の「可視化」です。

②それが「なぜ?」そうであるのかを、言葉で引き出すこと。これが第二地点。これはインタビューであることが多い。つまり「言語化」です。

③そして第三地点が、②で**「言語化」されたものを、誰でも頭でビジュアルが浮かぶように「可視化」の次元にまで引き上げる**こと。
これは、写真などで補足するなどの直接的な手法と、情景が浮かぶほど具体的な言葉で「言語化」の精度をあげ、「擬似的な可視化」を狙う場合があります。これが第2の「可視化」です。だから、ぼくは常々、**「受け手が『画(え)』を想像できるように**

コメントを引き出してください」と、後輩のディレクターにお願いしてします。

この3つが、ストーリー作りをする上で、もっとも重要・かつ基本的な流れです。

そして、①の「気づき」から②「なぜ？」の間で大切になるのが、「仮説」をたてること。**「なぜ、そういう行為の表出に至っているのか？」を想像する**ことです。これは、実際にやってみましょう。

・真夜中の1時に
・アイロンがしっかりかかったストライプのスーツで
・「はぁ」とため息をつきながら
・10歳以上、年上に見える恋人と
・新橋の富士そばでカツ丼セットを食べる
・りそな銀行の胸バッジをつけた30代前半の男

さて、彼はどんな人なんでしょうか。ぼくの仮説を書いてみます。

①そもそも、終電後の1時にご飯を食べている。仕事が忙しい人なのかもしれない

②それでもスーツにはアイロンがかかっている。家庭があるか、一緒にいる恋人と同棲しているのかもしれない

③銀行員なのにストライプのスーツを着ている。少し仕事に自信があるのかもしれない。しかし、派手なストライプではないので、承認欲求がむき出しになるほどではなく、組織の目を意識する理性との葛藤を抱えた人間であるかもしれない

④ため息をついている。仕事がうまくいってないのかもしれないし、家庭がうまくいっていないのかもしれない

⑤10歳以上、年上に見える恋人といる。彼は、女性に母性を求めているのかもしれない。彼が育った家庭は、ひょっとすると母性が欠如していたのかもしれない。つまり、父子家庭に育ったのかもしれない

⑥富士そばでカツ丼セットを食べている。小遣いに余裕はないのかもしれない。あるいは、忙しくて他の店が開いている時間に食事ができなかったのかもしれない。

そして、夜中にカツ丼&そばの炭水化物コラボをかますなんて、よほどストレスを溜め込んでいるのかもしれない

⑦30代前半で、りそな銀行の胸バッジをつけている。彼が入社した2000年台後半は、ちょうどリーマンショック以後の不景気に見舞われた世代だから、銀行に入れたなんて、学生時代から真面目だったのかもしれない。りそな銀行は都銀の中では最大手ではないので、日々の仕事で屈折した思いを抱えているかもしれない。その逆境をバネにするべく、普段の業務を頑張っているのかもしれない。でも、もう一度翻って、今日、終電を逃したこんな時間に、富士そばで、10歳以上年上の母性を感じさせる年上の女性と、30代のクセに炭水化物大量摂取しているなんて、普段頑張っていた「仕事」で何か行き詰まりを感じているかもしれない

あくまで仮説です。これをベースに先ほどの②「なぜ?」を掘り始める。

インタビューしてみると、それに近いこともあれば、なんてことのない理由であることもあります。

しかし、こちらが想像した仮説を覆すドラマを抱えている場合も多い。だから、一般

の人を取材する番組は、予定調和ではない、想像をこえてくるおもしろさがあります。

そして、**視聴者にその「想定外」を味わっていただける**ところに、たとえば、『家、ついて行ってイイですか？』という番組作りの魅力があります。

しかし、繰り返しますが、その作業の出発点はあくまで、外に表出している、五感で認識できる情報の観察です。表出している情報をきっかけに、その裏にある「心」を引き出そうとするのが、ストーリー作りの出発点になるのです。

なお、②の「なぜ？」と③の「ビジュアル化」については、とても大切なスキルですので、後ほど詳述します。

ぼくは、この作業を30分の1秒と向き合い続ける「編集」という過程を通して、知識として蓄積していきましたが、こうした訓練は、日常生活のありとあらゆる場面で可能です。

たとえば、パソコンで仕事している時、正面から話しかけてくる上司と、背に回り込んでＰＣを覗きこみながら話しかけてくる上司。その行動には、常に「動機」があります。前者なら、相手のＰＣを覗き見したと思われたくない、という動機があるかもしれません。後者なら、話しかけるついでに「こいつが仕事さぼってるのかどうか見てやれ」と思っているかもしれません。後者だとして、次の行動でPCのモニターを見た後、あなたが見ていたものをいじってくるか、あるいは、すぐに目線をそらして見ていないふりをするか。そこにも、行動の「動機」が見え隠れします。

「立ち位置」1つ、「目線の動き」1つ、すべてに外からは直接的には可視化されていない、「心」のヒントが隠されています。これをつぶさに観察する作業が、ストーリー作りの出発点なのです。

ただ、勘違いしないでほしいのは、それらすべてを最終的なアウトプットに詰め込むのが正しいわけではないということです。あくまで、「外に見える」ように発せられている情報の裏側にある、隠されたストーリーを作るためのスタート地点として、あらゆるものを「つぶさに」観察することが必要なのです。

この「人の心の可視化」も、とことん意識して撮影しなければならないのですが、さらにさらに大切なのが、この項目冒頭に書いた**(2)取材者とその受け手には、情報格差がある**ということに、常に意識的であることです。

ページをめくってください。

11

自分「取調べ」力

「伝わらない壁」は自分の中にある

取材者として一番大切なことは、「取材者自身を取材すること」である。

そう言っても過言ではありません。しかし、一見奇妙に思えるかもしれません。

「いやいや、取材者が向き合うのは、取材相手だろ！」

はい。それはその通りです。取材相手に向き合うのは当然です。

でも、「取材者自身」の「取材者自身による取材」が、同じくらい大事です。

「深夜の富士そばサラリーマン」に対する、ぼくの分析を思い出してください。

ページめくって戻るのはめんどくさいと思いますので、もう一度並べます。

しかし、読まなくて大丈夫です。

ひと項目ずつの、文字の分量だけ、パッと見てみてください。

この項は…

・自分がおもしろいものが「相手に」伝わらない
・プレゼン・営業トークがスベってしまう
・就活以来「自己分析」をしていない

人におすすめ

①そもそも、終電後の1時にご飯を食べている。仕事が忙しい人なのかもしれない

②それでもスーツにはアイロンがかかっている。家庭があるか、一緒にいる恋人と同棲しているのかもしれない

③銀行員なのにストライプのスーツを着ている。少し仕事に自信があるのかもしれない。しかし、派手なストライプではないので、承認欲求がむき出しになるほどではなく、組織の目を意識する理性との葛藤を抱えた人間であるかもしれない

④ため息をついている。仕事がうまくいってないのかもしれないし、家庭がうまくいっていないのかもしれない

⑤10歳以上、年上に見える恋人といる。彼は、女性に母性を求めているのかもしれない。彼が育った家庭は、ひょっとすると母性が欠如していたのかもしれない。つまり、父子家庭に育ったのかもしれない

⑥富士そばでカツ丼セットを食べている。小遣いに余裕はないのかもしれない。あるいは、忙しくて他の店が開いている時間に食事ができなかったのかもしれない。そして、夜中にカツ丼&そばの炭水化物コラボをかますなんて、よほどストレスを溜め込んでいるのかもしれない

⑦30代前半で、りそな銀行の胸バッジをつけている。彼が入社した2000年台後半は、ちょうどリーマンショック以後の不景気に見舞われた世代だから、銀行に入れたなんて、学生時代から真面目だったのかもしれない。りそな銀行は都銀の中では最大手ではないので、日々の仕事で屈折した思いを抱えているかもしれない。その逆境をバネにするべく、普段の業務を頑張っているのかもしれない。でも、もう一度翻って、今日、終電を逃したこんな時間に、富士そばで、10歳以上年上の母性を感じさせる年上の女性と、30代のクセに炭水化物大量摂取しているなんて、普段頑張っていた「仕事」で何か行き詰まりを感じているかもしれない

どうでしょう。

これが、自分自身を取材しなくてはいけない理由にほかならないのですが、おわかりいただけるでしょうか。

この文章は、「もし自分がこういったシーンを目撃したら」と想定して書いてみた仮説ですが、「量」に注目して見てみると、一番最後の⑦、すなわち「りそなブロック」が際立って分量が多くなっています。これは何を意味するか。

この偏りが、取材者自身の「思想や興味の偏り」そのものです。

ぼくはテレビ東京に勤めています。開局以来55年間キー局最下位の会社です。りそな銀行も、都市銀行の中では店舗数最下位。似た境遇なので同じ苦労があるかもなあ、などと親近感を抱いている可能性がある。だから、一番分量が多いのかもしれない。

2番目に多いのが、⑥の「夜中に富士そばで炭水化物」のくだり。これも、かつて30代で太っていた自分の興味関心が色濃く反映されているかもしれない。さらに、その解釈も「ストレスかもしれない」という仮説の立て方は、自分の経験則からくるものです。

逆に1番少ないのが、①の「終電後にご飯を食べる」というくだりです。これは、普通ならとても特殊な状況ですが、テレビ局で働いていると終電後に帰ることが多すぎて、その特殊性について麻痺しているのかもしれません。

……などなど、各項目の分量をパッと見ただけでも、「取材者」である自分自身の解釈が無意識に及ぼす影響の大きさがわかると思います。

この**自分自身への認識を明確にしておかないと、自分が「興味深い」と思った事実や、「魅力的だ」と思ったストーリーの魅力を、**

うまく受け手に伝えることができないのです。

これは、テレビなど映像メディアなら、取材者が作成するテロップやナレーション、どんなシーンを重視し、どんなシーンをカットするかなどを決める編集作業の話です。

文字メディアでも、**文章の量や構成すべてに**これが影響します。**プレゼン資料や、ＰＲ記事、営業トークなどの失敗**も、すべてこの「自分に対する取材不足の罠」が関係しています。

テレビ業界の若手のディレクターにとって、この「自分自身への取材」は、前項の「人の心を可視化する」以上に難しい作業です。なぜなら、ほかならぬ自分のことなので、感情の動きに無意識である場合が多いからです。

「自分はなぜそう思ったか？」とよほど意識的に自問自答するクセをつけないと、つい「自明の罠」に陥ってしまう。だから本当に大切なのは、「取材対象者」に対する注意深さと同じ洞察力を持って自分を洞察することなのです。

巷に流通している「演出論」や、「取材論」に関する書籍では、「取材対象者」に関する方法論は述べられていますが、自分を取材する方法論は、あまり見かけません。

実は、入社8年目のディレクター時代、ぼくが作った『ジョージ・ポットマンの平成史』という番組のファンでいてくださった筑摩書房の方から「本、書きませんか?」とお手紙をいただき、『TVディレクターの演出術』という本を著しました。

そこには当時考えうる限りの「物事の魅力を引き出す方法」をつめこみましたが、「取材対象者」に対する洞察に関する事柄が多数を占めています。それでも当時、ディレクターとしての腕には自信がありましたし、それなりに多くの評価を受けてきました。

しかし、その時からさらに5年が経ちました。

『家、ついて行ってイイですか?』という、普通な、単なる「街の人」の魅力を描く中で、毎週ただひたすら30分の1秒と命を削って向き合うルーティンワークの先に確信したのが、繰り返しますが、**魅力あるストーリーを描くには、「取材対象者」だけではなく、「自分自身」に対する「取材」が大切である**ということです。

自分自身が本当においしいと思う自社の新作アイスでも、みんなに使って欲しいと心の底から思う自社のアプリでも、時にネガティブだと思える自社の製品の「ここだけは魅力だ」と思える点を発見できた際でも、「ストーリー」として伝える上で大切なのは、自分自身を深く洞察することです。あなた自身には、あなた自身があまり認識していない、あなた自身の偏見を生む要素が無数にあります。

自社が開発したアプリを「傑作だ！」と思って、その魅力が伝わる「ストーリー」を盛り込んだ記事やプレゼン資料を作ろうとしているとします。

そのとき、**それを「いい」と思った自分自身を洞察しないことには、ユーザーにその魅力は伝わりません。なぜなら、あなたとユーザーは同じ人ではないのですから。**

自分自身の偏見を生んでいる要素とは、たとえば、次のようなことです。

自分は、同じ会社なので、作った社員の顔が見えています。
自分は、かつて企画部という部署にいたことがあります。
自分は、その業界の暗黙の制約やルールを知っています。
自分は、その業界の歴史や最先端技術や流行を知っています。

自分は、年収がこの程度です。
自分は、既婚者で子どもがひとりいる世帯です。
自分は、東京の江東区出身です。
自分は、大学時代文科系でした。
自分は、ある程度、受験を頑張りました。
自分は、早稲田大学出身です。慶応ではありません。
自分は、バラエティではなくドキュメンタリーを観ます。

わかりやすいのは、1つめかもしれません。自分たちの会社の製品を「いい」と思うのは、大いに、それを作った人の「顔」が見えているからです。作った人たちの努力や、失敗や、製品の実現に至るドラマの一端を、知っているからです。

でも、消費者はそんなこと一切知ったこっちゃないのです。

でも！　ここで、大切なことだから、立ち止まってください。
注意が必要なのですが、だからといってあくまでそれは「自分が魅力的だ」と思ったことを、自分という特殊性が感じた魅力だから、描いてはいけないのだ、ということではないということです。

「そのままでは伝わらない」「伝わるように工夫する必要がある」ということです。むしろ、誰もがいきなり共有できる魅力なんていうのは、数もしれています。さらに、誰もが取材者という媒介者を介することなく、日常生活でも気づける魅力なんて、ありふれて既視感だらけのものであることが多いはずです。

しかし、自分という特殊性が感知した魅力だからこそ、そのストーリーは見たことないおもしろさを秘めているはずです。それを伝えるには「工夫」が必要なのです。なぜなら、これが(3)になるのですが、そもそも受け手はそんなもん知ろうと思ってないのですから。見て欲しいと思ってるのはこっちなんです。「おもしろい」と褒めて欲しい（テレビマンの動機の多くはこれです）。商品を買って欲しい。社会を変えたい。あくまで、それは描きたい、伝えたいものがある「作り手側」が工夫すべきことなのです。**そのコンテンツが魅力的だという立証責任は、エンターテインメントや、ビジネスにおいてはあくまで作り手側にある**のです。

超・具体化力

「固有名詞」と「数字」が感情を呼び起こす

12

「とにかくディテールこそ、雄弁に取材対象の魅力を表す」

魅力的なストーリーを描く上で、常々思うことです。ストーリー作りの入口における「観察」においても、出口である「伝える」段階においても、です。

さきほど、深夜の「富士そばサラリーマン」の話をしました。

あの状況を、いくつかの段階の具体性レベルで表してみましょう。

(1)「夜に、そばを食べていた男」
(2)「**深**夜に、**富士**そばを食べていた男」
(3)「深夜**1時**に、富士そばを食べていた男」
(4)「深夜1時に、**新橋で**富士そばを食べていた男」
(5)「深夜1時に、新橋で富士そばを食べていた**サラリーマン**」
(6)「深夜1時に、**彼女と**、新橋で富士そばを食べていたサラリーマン」
(7)「深夜1時に、**10歳年上の**彼女と、新橋で富士そばを食べていたサラリーマン」
(8)「深夜1時に、10歳年上の彼女と、新橋で富士そばを食べていた**りそな銀行に勤める**サラリーマン」

この項は…

- 「認知度の低い新製品」をPRしたい
- プレゼンに説得力を持たせたい
- 固有名詞・数字の「適切な使い方」を知りたい

人におすすめ

(9)「深夜1時に、10歳年上の彼女と、新橋で富士そばを食べていたりそな銀行に勤める**30代前半の**サラリーマン」

どうでしょう。

(1)と(9)では、頭に思い描ける「映像」が異なるのではないでしょうか。

少しずつ形容詞を増やしましたが、どんどんイメージが鮮明になるのではないかと思います。

そして、イメージが(9)に近づいて、鮮明になればなるほど、その人に興味がわくのではないでしょうか。

「深夜1時に食べているなんて……」
「10歳年上の彼女って……」
「普段窓口で見る銀行員のプライベートって……」

(1)「夜に、そばを食べていた男」

(9)「深夜1時に、10歳年上の彼女と、新橋で富士そばを食べていたりそな銀行に勤める30代前半のサラリーマン」

ストーリーの「受け手」である視聴者は、ストーリーに対して、感動だったり、笑ったり嫌悪感を持ったり、何らかの感情をいだく時、それは常に、

①過去の何らかの体験と比べて
②あるいは、さらにその体験と比べて感情を動かされた、「過去に味わった他のストーリー」と比べて
③もしくは、そのストーリーを「もし自分が体験したら」と想像を働かせて

感情が動いているのです。

①なら、たとえば、「深夜1時に富士そば食べてるなんて、祖母が危篤になったあの日くらいだなあ（……何か起きる予感）」のように。
②なら、「10歳以上年上の女性と恋愛なんて、鈴木京香の不倫愛がナマナマしかったNHKのドラマ『セカンドバージン』と似てるなあ（……波乱の予感）」のように。

③なら、「りそな銀行勤務か。給料どれくらいなんだろう（……他人の懐事情に対する興味）」のように。

このように、**「具体性」という武器によってはじめて、視聴者にさまざまな興味を持ってもらうことができる**のです。

(1)「夜に、そばを食べていた男」のように、あまりに情報が少なすぎては、視聴者はそのストーリーをどのように見ていいのかわからなくなってしまいます。だから、ストーリーを伝える（編集する）上では、とりあえずそのストーリーに必要な「具体性」を、取捨選択して盛り込むことが必要となります。

フィクションでは、出口である「編集」と、入り口である「脚本」がほぼ同じ内容になりますが、脚本がないノンフィクションでは、そうはいきません。入り口である「撮影」に際して、「どこに魅力的なストーリーがあるのか」が完全にわからない場合がほとんどです。だからこそ、撮影において、極限までディテールにこだわり続ける「超・具体化力」が必要になるのです。

特に、ある程度わかりやすい実績を持った人を追いかける『情熱大陸』や『プロフェ

ッショナル 仕事の流儀』、あるいは『DOCUMENTARY of AKB48』といった「かわいい」という魅力がはっきりしているタレントを描く場合とは異なり、『家、ついて行ってイイですか?』のように「一見魅力がわかりにくい、何てことなさそうに見えるもの」、たとえば、「市井の人」や、「何気ない街」などの魅力を描こうとする場合、「具体性」という武器なくしては、魅力的なストーリーを描くことは絶対にできません。

これは、**まだ誰も知らない商品をプレゼンしたりPRする**際にも、同じことが言えるはずです。

『プロフェッショナル』なら、「200人の命を救った外科医」など、その実績で興味を持たせることが可能でしょうし、アイドルのドキュメンタリーなら、「かわいらしさ」を中心軸に置いてストーリーを作ることができますが、「一般の市井の人」である場合、その魅力を描くというのは、そう簡単ではないのです。

だから、視聴者が、

①過去の何らかの体験と比べて

②その体験と比べて感情を動かされた、「過去に味わった他のストーリー」と比べて

③そのストーリーを「もし自分が体験したら」と想像を働かせて

この①~③のどれかにひっかかり「いいものが見られそうだ」「おもしろそうだ」と思えるような具体的な要素をちりばめていかなければならないのです。なにしろ、視聴者にとって、いまテレビに映っている人は、ほぼ名無しのゴンベエ。つい1秒前まで自分の人生にとってまったく関係のない「ザ・他人」だったのですから。

よほど前評判の高い新商品や、ヒット商品の第2弾といった場合以外の、あらゆる新商品も同じです。

しかし、テレビはずるくて、わざわざそんな市井の人と向き合わずとも、「タレント」という魅力にあふれた人々と、その魅力を引き出しながら仕事をすることも可能です。けれども、テレビ以外の業界では、魅力はあるけれど、その魅力がひと目で誰にでも伝わるものではないものを扱う場合がほとんどではないかと思います。

だからこそ、作り手の腕が試されるところですし、ぼくがその魅力を描くことにハマった、「市井の人々」と同じく、魅力的なストーリーを発見する技術が武器になり、やりがいもあるのだと思います。

じゃあ、「具体的」って何だよ、という話になりますが、キーワードは2つです。

「固有名詞」と、「数字」です。

固有名詞と数字にこだわると、「具体性」が増します。

「そば屋」より、「富士そば」のほうが具体的にイメージがわくでしょうし、**「富士そば」より「新橋の富士そば」**が、鮮明にイメージがわきます。

「サラリーマン」より「銀行員」のほうが具体的にイメージがわきますし、**「銀行員」より「りそな銀行の30代行員」**が、鮮明にイメージがわきます。

ただし、なじみのない固有名詞を使用する場合には、その言葉で伝えたいイメージを、想像してもらうことができるかどうか、つまり「目的」が果たせるかどうか、少し吟味する必要があります。

たとえば、**大垣共立銀行**という言葉なら、**「地方銀行」**というイメージのために使うのはOKでしょう。ただ、**「岐阜の銀行」**というイメージを伝えたいのだとしたら、成功するかどうかは、受け手にどんな層を想定しているかによります。ギリギリ大人なら伝わるかもしれません。

第四銀行という言葉なら、これも**「地方銀行」**というイメージのために使うのはよさそうです。ただ、**「新潟の銀行」**というイメージを伝えたいのだとしたら、新潟県民と金融マン以外には、ほぼ伝わらないと思います。

この適切なレベルの「固有名詞」と「数字」に、ストーリー作りの入り口である「取材＝魅力を引き出す時」と、出口である「編集＝魅力を伝える時」の両方で徹底的にこだわることが、魅力的なストーリー作りにおいて、大切なことなのです。

第3章 より多くの人にストーリーの魅力を伝える技術

――「興味ないもの」を「好き」になってもらう4つのアプローチ

「具体性」を持たせたあと、それをどう組み立ててストーリーに仕立てていくか。

キモは、「受け手の心の動き」をストーカーのように追い続けようと努めることです。

ここで大切なのは「受け手の心」ではなく、**受け手の「心の動き」を徹底的に追い続ける**ということです。

1シーンごと、1秒ごと。さらに必要なら30分の1秒ごと。

視聴者が、瞬間瞬間で何をどう感じるかと徹底的に向き合うことがポイントです。

書籍や、web記事、ネット動画でも、それは大切なことだと思いますが、テレビにいると、それを強制的に意識させられるデータがあります。それが**「毎分視聴率」**です（図）。

これは、1分ごとに、視聴者がどこでチャンネルを変えたかがわかるデータです。データに現れるのはテレビの「オン・オフ」とチャンネルの切り替えだけですが、チャンネルを変えられたなら「つまらなかったのでは？」とか、「人を傷つける表現があったのでは？」とか、チャンネルを合わせてもらえたなら、「興味のある情報だったのでは？」とか、「気になって目が離せない構造があったのでは？」とか、裏に隠されたメッセージがあるはずです。

そのため、「オン・オフ」のデータの裏にある視聴者の心理はなんだったのか、懸命に推測するクセがつきます。これは、テレビマンの病的とも

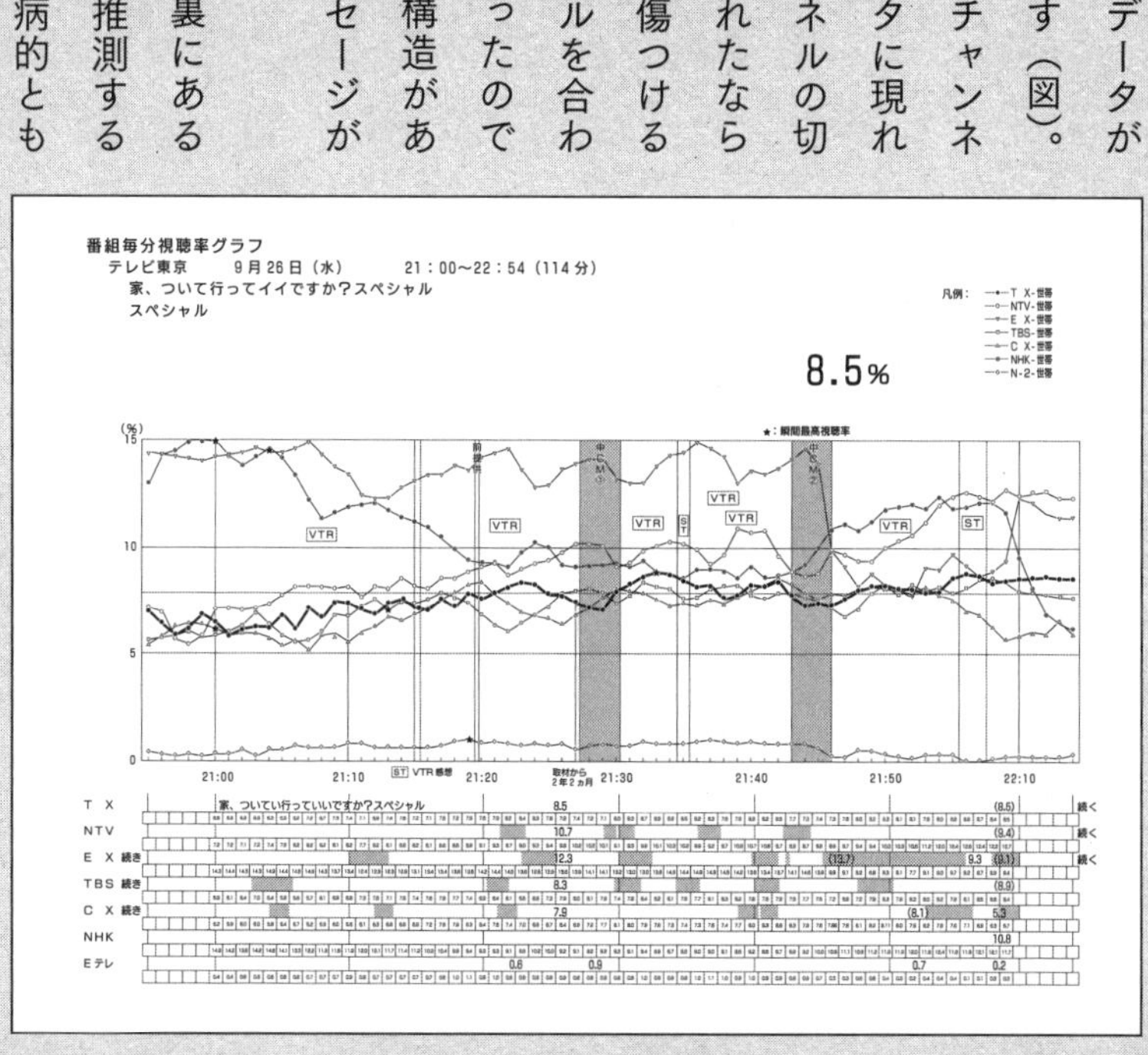

言えるかなり特有な習癖です。

テレビマンがそこまでこだわる理由は、次の2点です。

(1) 常に流れ続ける、不可逆な時間軸を持つ映像というメディアの特性

(2)「もう一度観ること」が容易ではないという特性

(1)については、たとえば活字の場合は、わかりにくければ少し前へ戻って読み返すことができます。つまり、読み進める時間をコントロールできます。

(2)に関しては、「テレビ」と「ネット動画」の一番大きな違いです。ネット動画も、テレビと同じく(1)の特性を持ちますが、YouTubeのようなストック型の映像メディアでは、簡単にもう一度見たり、ちょっと前に戻ることができます。しかし、リアルタイム視聴のテレビでは、これができないのです。

テレビの評価軸はあくまで視聴率。流れていく時間の中で、リアルタイムで見た人の量で計測されます。だからこそ、

・観ている人に、そのまま最後まで観てもらえるように

・途中から観る人に、いつでも入ってきてもらえるように

ということに、こだわらざるをえないのです。

このように、視聴者の動きが可視化されてしまうため、「テレビ映像作り」においては、本書のタイトルでもある**「1秒でつかみ、最後まで飽きられない」を考えるのが、もはやあたりまえ**とされています。

だからこそ**「テレビ映像以外のコンテンツ」に「心の動きストーカー術」を徹底的に輸入すると、大きな強みになる**と思います。

具体的には、次の、4つの「ないか？」という視点で、受け手の心の動きを追います。

①「受け手」がわからなくなっていないか？
②「受け手」がめんどくさいと思っていないか？
③「受け手」が不快に思っていないか？
④「受け手」が興味を持てないものになっていないか？

人気のあるタレントさんは、視聴者を意識してわかりやすく話すのが得意です①。話すテンポもサイズもちょうどいい②。

人を不快にさせる発言を意図なくするような人は人気が出ません③。

視聴者もある程度そのタレントに興味があるでしょうし、「この人が話すことはおもしろそうだ」という期待値が出来上がっています④。

しかし、ぼくが『家、ついて行ってイイですか？』という番組で向き合っている「市井の人」に関しては、この4つすべてがあてはまりません。「受け手」がそもそもまったく興味がないものを取材対象として描く、究極の形です。

何よりもまず、ストーリーの1シーンや1カットのレベルではなく、そもそも全編にわたって、最初の段階では、「受け手」が興味を持っていません④。

そもそも知らないことを、いきなり説明されても意味がわかりません①。

それを知ろうとするにも、ひと苦労。骨が折れてめんどくさい②。

また、そもそも人によく見られたいタレントと違って、発言も無敵です③。

だから、『『見たことないおもしろさ』を生み出すためのストーリー作り」においては、上記の「4つの『ないか?』」を常に意識する必要があります。

これは、テレビ以外の分野に置き換えて考えてみても、一緒です。

すでに発売されている著名な商品をPR・営業するのは、タレントと同じ。まだ知られていない新商品や、発売されているけれど知名度の低い商品をPR・営業するなら、「市井の人」と同じです。

そうしたものの場合、前提となる知識も興味もありません。

『世界ナゼそこに?日本人』でロケした「パラグアイ」や「ソロモン諸島」、『所さんの学校では教えてくれないそこんトコロ!』という番組で取材した「スワジランド」という国、『空から日本を見てみよう』でロケをした「阪神工業地帯」もそうでした。たとえば「京都」などとは違って、素直に「見たい」と思う場所ではありません。

受け手が興味がないもの(の中に本当は潜んでいる知られざる魅力)を描くには、①~④を強く意識しなければ、あっという間に「受け手の心」は離れてしまうのです。

では、具体的な技術をお伝えしていきます。

「はっ？」を消す力

「わかりにくさ」をなくす方法

13

本書の143ページで、

「ドラゴンボールのフリーザ編で、ナメック星の最長老がクリリンの潜在能力を最大限まで引き出したように」

という比喩を、あえて使いました。こういう表現には、注意が必要です。ストーリーが展開していく上では、受け手の知らない「言葉」や「状況」が生まれていないか、細心の注意を払う必要があります。そのためには、すでに述べたように、徹底的に「受け手」と「自分」の分析が必要です。

業界誌や趣味の雑誌、社内報のように、ある程度受け手に共通知識がある場合はあまり気を使わなくていいかもしれませんが、マスであることを狙えば狙うほど、注意です。

さて、「ナメック星の最長老」のくだり。もしかすると、ここに**「は？」と思い、イラッとした**方がいるかもしれません。

少年漫画『ドラゴンボール』は、現在30代後半であるぼくの世代にとっては超メジャ

この項は…

- **コンテンツやPRを「多くの人」に訴求させたい**
- **自社製品・サービスの「技術の凄さ」をわかって欲しい**
- **上司・部下との会話や飲み会が盛り上がらない**

人におすすめ

ーな漫画ですから、「クリリンが最長老に潜在能力を引き出してもらう光景」をパッと思い浮かべることができる方が多いと思います。しかし、女性読者や、それより上の世代、さらには下の世代は、「は？」っていう感じになる可能性が高い。

こうした**「は？」が1つだけではなく、いくつも重なっていくと「なんか、よくわからなそうだからいいや」**となります。

たとえば本書では『大いなる沈黙へ』という、おそらくほとんどの人が観ていないだろう、わけのわからないドキュメンタリー番組や、地上波テレビでも『セカンドバージン』といったドラマにはなるべく簡単に説明をつけています。**ドラマは基本的に放送時期が限られているため、広く共通認識になりにくいから**です。

しかし、「富士そば」には説明はつけませんでしたし、バラエティ番組に関してもあまりつけませんでした。「富士そば」は首都圏に来たことがある人なら多くの人が知っているでしょうし、**バラエティ番組はドラマに比べ長期間オンエアしているため、認知度が比較的高いから**です。

あるいは認知度が低くても、『DOCUMENTARY of AKB48』という、明らかにタイトルを読めば「ＡＫＢ48のドキュメンタリーだ」とわかるようなものにも説明はつけませんでした。

このように、すべての瞬間において、「受け手の心の動き」を推測して、「わからない」と置いていってしまうようなことはないかと、考え続けるのです。

当然、どれだけ考えたとしても、受け手の年齢・教育水準・性別・地理的広がりなどの要件を想定しながら出した結論だとしても、すべての人を網羅するのは不可能です。

しかし、なるべくそのさまざまな要件を満たす**最大公約数を目指しつつ、一方で説明がうっとうしくなりすぎないかという別のベクトルの「心の動きの推測」との、不断の比較考量作業**こそが、コンテンツをより魅力的なものにするのです。

普段観ていていただいているときは、視聴者のみなさんは、一向にそんなこと気にしていただかなくていいですし、むしろ意識させないほどの自然さで行えてこそプロなのですが、ちゃんとしたテレビ番組は、この不断の選択がワンシーン、ワンシーンごとに行われているはずです。

ゆるそうに見えて、実は相当に「筋肉質」。これが理想だと思います。

そもそも、エンターテインメントにおいて、**「受け手」は何かを勉強しにきているのではありません。楽しみにきているのです。**この前提を絶対に忘れてはいけません。

でも、楽しみだけなく、そこで**「楽しみに来た結果、学べる」、「楽しみに来た結果、何か感情を揺さぶられる」。そうなればさらに魅力的である、というだけの話**です。

これは、あらゆるネットコンテンツや文字コンテンツにも言える話です。この本はまだ、そもそも何かを「学ぶ」という意識のもと、読んでくださる方が多いとは思いますが、それでもそういった**「ストレスになる表現をなるべく放置しない」と強く意識することで、よりストーリーをわかりやすくできる**はず。

より多くの人に、よりストーリー本来の魅力に集中してもらえるはずです。

よく、「最近のテレビ番組のレベルは低い」と言われます。

一見、そう感じるのはあたりまえです。特に19〜21時台に顕著ですが、それは「子ども」や、「中高生」もターゲットにしているからです。

それ以外の時間、たとえば深夜なら「子ども」はターゲットとしないので、少し表現のレベルが上がりますが、それでも90歳の方から中高生までをターゲットにしているのですから、その共通言語は、ごく限られた範囲になります。

でも、あくまでそれは「一見」に過ぎないと言わせてください。

エンターテインメントのこうした姿勢が、「思考力」を育まない、という指摘もよく受けますが、それこそ極めて「表層的な見方である」とあえて言わせてください。

実は、そうではないのです。誰にでもわかるようにしつつ、レベルを高めるさらなる技術があり、それこそコンテンツの「広さ」ではなく、コンテンツの「深さ」で熱狂的なファンを獲得し、「深さ」からくる話題性で、次の段階として「広さ」を目指すという大切な技術なのですが、それは応用技術になるので、最後の5章で詳しく論じさせてください。

マーケットを広げる「徹底的な快適さ」

めんどくさい撲滅力

14

コンテンツを「受け手」に伝える際の最大の敵は、**「めんどくさい」**です。

ぼくなどは、妻がブチ切れなければ家は汚しっぱなしですし、正直忙しくなると着替えるのがめんどくさくて「中華料理の匂いがする」と言われることがありますし、もう正直朝起きることさえめんどくさくなって、忙しいときは寝たくないとさえ思います。

そこまで重症じゃなくても、**人間はめんどくさいことが大嫌い**なんです。

テレビは、そして地震速報や気象情報以外の**多くの「コンテンツ」は、人間が生きる上で基本的に「絶対に必要なもの」ではない**のです。

さらに人間は、日々「仕事」や「家事」「子育て」で忙しくて、「いくら時間があっても足りない」と基本的には思っています。

もう、「めんどくさい」と思った瞬間に、テレビならチャンネルを変えます。書籍なら買いません。ネット記事なら読みません。それがあたりまえです。

メディア以外でもそうです。「パッと見」めんどくさければ、新商品のご案内やプレスリリースだって読まずにスルー。企画プレゼンだって、「パッと見」めんどくさければ、聞き手の上司はすぐにスマホで芸能ニュースをチェック。

この項は…

- **固定ファン以外の「新たな顧客層」を開拓したい**
- **動画・記事・webサイトetc.を「最後まで」見てもらえない**
- **プレゼン中に上司がスマホを見ている**

人におすすめ

飛び込み営業なら、露骨に追い返されるでしょう。相手は、早く食べログ見ながら今日の昼メシ何食べるか考えたいんですから。

有限の寿命と1日24時間という制約のもと、多くの人間は基本的に「忙しい」という認識にたって人生を送るのです。めんどくさいことは永遠に後回し。一生見られない。そう思っておいたほうがいいです。

ですから、常にストーリーを作りながら、「あ、めんどくさくなかったかな」という視点を持つことが、とても大切なのです。

では、「ストーリーにおけるめんどくさい」の正体とは何か。それは、**「必要のないところで、理解するために、頭の中でなんらかの作業をさせること」**と、定義します。

たとえば、先ほど「富士そばサラリーマン」の話をしました。

その際、161ページで、こういう文章を書きました。

「深夜の富士そばサラリーマン」に対する、ぼくの分析を思い出してください。

ページめくって戻るのはめんどくさいと思いますので、もう一度並べます。

しかし、読まなくて大丈夫です。

ひと項目ずつの、文字の分量だけ、パッと見てみてください。


ここでは、「深夜の富士そばサラリーマン」に対する分析を思い出してくださいと、読者にお願いしています。


ここで、「ちょっと待った」です。

ぼくが読者だったら、**「もう一度そのページに戻るの、めんどくさいな」**と思います。

だから、見ていただきたい項目を、もう一度引用したのです。「●ページに戻る」というのは、「作業」に他なりません。

これで、ようやく安心。

……と思いきや、もう一度「ちょっと待った！」です。

ぼくが読者だったら、**「一度見た文章をもう一回読むのか。めんどくさいな」**と思います。

そこで、「しかし、読まなくて大丈夫です。ひと項目ずつの、文字の分量だけ、パッと見てみてください」とすぐに書きました。

このように常に、読者の**「めんどくさいな」という「心の動き」を推測しながら、進行していく**のです。

もちろん、めんどくさい作業は、すべて避けて通れるわけではありません。「前述の内容」を改めて読まなければ内容を理解できないケースもあります。その場合は、読んでいただくことになりますから、引用ページに行かせないで、なるべく提示してあげればいいのです。

つまり、どこまで読者が「めんどくささ」を引き受けてくれるかは、それを引き受けた場合のメリットとデメリットを比較考量して決めるべきです。

この「受け手がめんどくさいと思うんじゃないか」という視点を入れるか否かは、ストーリー作りにおいて、「わかりやすさ」に大きな差をもたらします。どれだけ「マス」

をとりこめるかに、大きく関わるということです。

「マス」という言葉は、たとえば、「若いか、年をとっているか」といったものだけでなく、その中に多くの属性を含みます。

その1つが、「この情報の摂取に積極的か、消極的か」という属性です。この、「消極的」な層を取り込まない限り、「マスメディア」とは言えません。

そして「マスメディア」でなくても、「積極的」な層の外にいる**「消極的な層」をどれだけ取り込めるかということが、マーケットを拡大する、すなわち「売上げをのばす」ということの本質**であるはずです。

常に「消極的な層」に向けて情報を発信していく強い自覚と、それゆえに発生する「めんどくさい」と思ってしまうだろう「心の動き」を推測することが、「まったく知られていないもののおもしろさ」を描くストーリー作りには欠かせないのです。

この「めんどくさいと思わせない技術」の中には、「常に受け手の心を推測する」という手法以外にも、いくつもの手法があります。

その中でも、大切そうな4つの「ない」の手法をご紹介します。

①計算させない
②混乱させない
③補助線をひかせない
④思い出すのに苦労させない

順番に見ていきましょう。

①計算させない

たとえば、「年齢」や「家賃」などの情報が、ストーリーで大切な役回りを果たす場合です。具体的な数字を出すことが大切なのは先述しましたが、具体的な数字を出しても、不要な計算を求められると、「めんどくさ！」となります。

具体例で考えてみましょう。

「娘を若くして産んだことで、仕事との両立で苦労はしたが、子育てを卒業しようとするいま、第2の青春を味わえる気分だ」

ということを描きたいVTRだったとします。しかし、その際、VTRに、

「いまは43歳」
「昨年娘が成人式を迎え、子育てを終えた気分」
「だから、青春を再び味わいたい」

という言葉の流れしかなかったら、どうでしょう。

引き算をすれば「43－20－1」＝22歳で子どもを妊娠したとわかります。大卒なら、入社してすぐの妊娠です。

先述のように、特に「映像コンテンツ」の場合、受け手は進んでいく時間をコントロールできません。ちょっと計算している間に、どんどんシーンは先に進んでしまいます。

これが1回ならまだいいですが、こうした事態がどんどん発生したら、考えるのがめ

んどくさくなりますし、何より「ん?」と思って頭の中で計算しているうちに、その直後の「だから、青春を再び味わいたい」という大切なコメントを聞き逃してしまう可能性すらあります。

ですから、**なるべく不必要な計算はさせない、**というのが基本です。

② 混乱させない

混乱するというのは、ストーリーを味わうための大切な前提条件なのに、他の可能性を推測する余地が残されてしまっている、ということです。

その混乱する可能性を、排除するのです。

具体的には、先ほど書いた、

大卒なら、入社してすぐの妊娠です。

というところです。ここは補足がないと、先ほどの文章だけでは、高校を卒業してから就職したのか大学を卒業してから就職したのか、それが描かれていません。

高校卒業している場合でも子育ては十分に大変だったでしょうが、大卒で入社1年目ですぐ休職というほうが、より状況の大変さは伝わります。

また、「言葉の使い方」も大切です。あくまで、原則としてなのですが、

「同じ意味を表す場合、同じ言葉を使う」ということです。

たとえば、この書籍でストーリーを受け取る側を「受け手」と表現していますが、これを「受信者」などのような別の言葉で、なるべく表現しないということです。

そうすると、**「あれ、この2つは違う意味なのかな?」**と一瞬考える余地が生まれてしまいます。

その作業もまた、積み重なると「めんどくさい」のもとになります。そこに変える意味がないなら、こうしたことはしないほうが、よりわかりやすいストーリーになります。

③ 補助線をひかせない

「補助線をひく」というのは、ストーリーにまったく現れない、「受け手が持っている情報」によって、因果関係を想像しなければストーリーが理解できない、もしくは弱い理解にとどまる、という状況です。

先ほどの、「②混乱させない」の大卒の例との違いは、「前提となる知識」があれば、補助線をひけるということです。

それゆえに**作り手側が、つい「これくらいの知識を持っているだろう」と、受け手の知識に頼ってしまう「罠」に陥る**ことがあるのです。

たとえば、次の3つのストーリーで見てみましょう。

(1)「子どもが小さい頃は東京住まいでしたが、車で毎年愛知の西浦に海水浴に行きました。いい思い出もたくさんあるんです。でも、子育てを巡ってケンカが絶えませんでした……」

(2)「2011年、岩手県の山田町から出てきたんです。その年、故郷がひどい目にあって……」

(3)「1970年ごろ、故郷の宮城県栗原から中卒で東京に働くため出てきました。それからずっと足立区に住んでます。たまたま、同じなまりがある女性と東京で知り合い、同郷だと知り意気投合し、結婚。生まれ育ったのは隣町同士で、よく故郷の会話をし、毎年盆に作る妻のずんだ餅が好きでした。二人三脚でよく働き、2人の息子を育て上げました。

休みもあまりなかったですが、若い頃は上野にデートにでかけ、不忍池の脇の精養軒のビアガーデンに行ったのが一番の思い出です。たまに帰郷してはいたものの、ゆっくり滞在するほどの余裕はなかったのです。

子育てが落ち着いたら、2人でゆっくり故郷に滞在し、思い出の山や川などを巡ってみようなどと話していましたが、なかなか行くこともできず、そうこうしているうちに、最近妻は他界しました」

(1)は、完全に補助線をひかないとわからないレベルです。

まず、この(1)を解釈するのに必要な補助線は、「西浦半島についての知識」です。愛知の知多半島と渥美半島という巨大な半島が、両手で包むような形をした三河湾の中にある半島です。そして、さらにその三河湾の湾口は、志摩半島が片手で包み込むように形成する伊勢湾に通じており、太平洋からかなり入り組んだ場所に位置しています。

この半島の高台から景色を見渡すと、半島の付け根である北方向は当然陸地として、半島が海に面している東西南方向を見ても、すべて海の彼方に陸地が見える。

つまり、海に突き出しているはずの半島にもかかわらず、360度すべてが陸地に囲まれているという、あまり見ない光景です。それゆえ、西浦のビーチは、驚くほど波がありません。

これだけの補助線から、まず、

・子どもを愛し、子どものために旅行先を選ぶ子煩悩な父親

という像が浮かびます。

それにもかかわらず、どうしてケンカをするのでしょうか。補助線をひかなくては理解できないストーリーは、それだけではありません。

西浦というのは、東京から車で4~5時間かかる場所です。普通、海水浴といえば、千葉やら神奈川やら車で1~2時間の場所が多々あります。波が低いというだけなら、西浦ほど低くはありませんが、千葉の内房という選択肢もあります。しかし、西浦は海水浴場のすぐ後ろに、子連れでも泊まりやすいファミリー向けのホテルが林立している珍しい場所。子どもが疲れても、すぐにホテルに戻って休ませることができます。

つまりこの父親は、子どもに愛はあり、理想的なチョイスをする一見とてもステキな旦那さんに見えるけれども、その反面、

・理想のためには犠牲も厭わない性格

が伺えるのです。

「4~5時間」のドライブというのは、子ども連れには、やや苦行に近い選択です。

それゆえ、子育てを巡ってケンカが絶えないのかもしれません。

……長くなりましたが、こんな具合です。

これは、こうした「受け手」の補助線なくしては、ストーリーが理解できません。

しかも、補助線のレベルがめちゃくちゃ高いのが、大問題です。

補助線よりも、そもそも「受け手がわからなくなっていないか」という問題にもなってしまう可能性もあります。こうなると、視聴者はストーリーを完全に味わうことができなくなってしまうのです。

ちなみに、西浦には、豊橋まで新幹線を使えば、東京から2時間ほどで行けるので、興味のある方は、ぜひ行ってみてください。温泉もあります。

(2)は、わかりやすかったはずです。

「ひどい目」というのは、おそらく東日本大震災のことだと思われます。

この程度の補助線ならば、1つ2つならば大丈夫です。

しかし、**簡単な補助線であっても、それがいくつも発生すればストレスとなり、「めんどくさい」となる**可能性があります。

次に(3)に関して。このストーリーに必要な補助線は、まずは「集団就職」についての知識です。「1970年代」「東北」「足立区」、すべて集団就職を語る文脈で登場する言葉です。

1970年代、東北などの農村からは、多くの中卒や高卒の若者が、金の卵と呼ばれる労働者として、東京へ学校単位で就職のために上京しました。足立区は、工場や商店街が多かったため、集団就職で上京した若者が多かったと言われています。

この「集団就職」という補助線があれば、まずは、

- 幼くして故郷を出たが、それは夢を抱いた上京ではなく、経済的に進学できない、家業を継げないなどの理由でやむなく上京してきたのだろう

という事情が伺えます。さらに、ずんだ餅という故郷の料理に対する思い出や、上野でよくデートをしていたという情報と合わせると、

・幼くして出てきた故郷に、いつも愛着を持っていた

という可能性を、このストーリーから感じられます。

上野は、集団就職で上京した若者が一番はじめに降り立つ東京の地であり、彼らにとっては特別な思い入れのある地です。また以前、東北方面の特急列車は上野が始発駅となっていました。「北の玄関口」と呼ばれ、もっとも故郷に近い、故郷の匂いをかすかに感じられる地でもあったからです。

これが、「集団就職」に関する補助線で味わえる、「より深いストーリー」です。

さらに難易度は高いのですが、「栗原」という補助線をひけば、もっと深い景色が見えてきます。栗原という地域は、農業以外では、細倉鉱山という鉛や亜鉛などの非鉄を産する鉱山や、岩倉炭鉱などで栄えていた地域です。しかし、前者はニクソンショック後の円高による国際競争力の低下で、後者は石油へのエネルギー転換で、1970年代以後、次第に廃れていきました。

それとともに街も廃れ、故郷に戻ろうにも働き口はない状況だったはずですから、

・途中で故郷にUターンするのも難しかった

はずです。

また、Uターンが難しいために、仕事を引退した後、故郷に行こう行こうと思っていても、２００７年、地域の衰退に歯止めがかからず、この地域を走っていた「くりはら田園鉄道」が廃線になってしまいます。以前は、仙台から終点の細倉駅まで直通列車もありましたが、お年寄りにとっては、間違いなく帰郷は、大変なものになりました。

ですから、

・引退後に楽しみにしていた帰郷旅行も、難しくなってしまった

という事情が伺えます。

この(3)に関しては、こうした「集団就職に関する知識」や「栗原に関する知識」とい

う補助線をひかなくてもストーリーとしては成立していますが、やはりその補助線をひくとひかないとでは、味わい深さには雲泥の差が出てきます。

つまり、視聴者が本気でストーリーを味わおうと思ったら、いちいちこうした補助線を思い描かせる手間が発生してしまいます。

こうした、「補助線をひくという作業をさせない」ことが「めんどくさい」と思わせないために大切なのです。ただしあえて、気づく人だけが気づけばいい、という手法もありますので、それは404ページの「マルチターゲット力」の項でお伝えします。

④ 思い出すのに苦労させない

ひと言でいうと、**ストーリーの要となるものは、ちゃんとインパクトを持たせて紹介しておこう**という技術です。

特に「知られざるおもしろさ」を描く場合、主人公や取材対象物は、どうしても、「受け手」にとって馴染みのないものになります。

たとえば、『ダイエットJAPAN』という、海外からおデブちゃんたちを2か月間日本に連れてきて、和食だけで生活し、痩せてもらうという番組も作っているのですが、この番組の出演者はみんなおデブちゃん。

しかも、トンガや、アメリカ、のようにたいてい1か国から数人を招待するのですが、おデブちゃんという見た目が似通っているのに加え、外国人ゆえに日本人以上に、見慣れるまでは区別がつきにくいという事情があります。

さらに、長期にわたる密着な上、主人公が数人いるので、なおさら、「あれ？　あの脱走してラーメン食べたおデブちゃんだれだっけ？」とわからなくなります。

ですので、「ゴロゴロポテチ」とか「揚げピザ爆食い女」といった、その人物のインパクトのある行動や好物の食べ方を「キャッチ」としてつけてあげることで、その人をすぐに覚えられ、かつ差別化して脳にインプットされるように工夫するのです。

錯綜するストーリーで、いちいち「あれ、これだれだっけ？」と考えるのは、これも、チリも積もれば、相当な手間になります。

「めんどくさい」と思わせない、大切な技術です。

15

360度注視力

わざわざ「アンチ」を作らない

相手を不快にさせるようなコンテンツを、わざわざ作ろうとする人もそういないと思います。しかし、1つだけ陥りやすい罠があるので、そのポイントだけは、押さえる努力をすべきです。

それは、まさにビジュアルイメージとして例えるなら、先ほどの西浦半島の山からみた360度俯瞰プレイです。360度どこを見回しても陸地。あらゆる場所に、それぞれの事情をもった、さまざまな人が住んでいます。

たとえば、「離婚」という題材を扱う場合。

「妻が不倫をしたから、私は離婚した」

という事実を淡々と伝える分には、事実であれば問題ありません。しかし、そこに「それはひどいですね」という、ディレクターのあいづちを入れたとしたらどうでしょう。

西浦半島から、360度見渡してみましょう。

中には、知多半島にこういう人がいるかもしれません。

この項は…

- 「消費者に嫌われないSNS戦略」を練りたい
- 転職・異動で、新たにPR担当になった
- とりあえず「出世したい」

人におすすめ

「いやいや、わたしも不倫をして離婚をしたが、私は、ひどいセックスレスに苦しんだ。何度夫に求めても、体の関係を拒否される。しかし、離婚届けには判を押してくれない。それで、頭がおかしくなりそうになり、つい不倫をした。もちろん、不倫は良くないことだと理解はしている。しかし、この私の苦しみがわかりますか？　結果、わたしは不貞行為を働いたとして、裁判で慰謝料までとられたのです」

彼女にとっては、ディレクターのひと言はとても傷つくものかもしれません。

さらに、渥美半島には、こういう人がいるかもしれません。

「いやいや、わたしも不倫をして離婚をしたが、夫は子育てにまったく興味を示さなかった。ロクに給料も家に入れず、家事もせず、何日も帰ってこない日が続いていた。そして夫は不倫をしていた。そんな状況をみかねて、助けてくれたのが、わたしの不倫相手だった。しかし、夫はわたしに興信所をつけてわたしの不倫だけを断罪し、わたしから巻き上げた慰謝料で、その女と悠々自適に暮らしている。わたしと子どもは、必要最低限の生活だ」

360度見わたして、さまざまな可能性を、まずは考えることが出発点です。それでも100%完璧に、すべてを網羅するのは、「表現」に身をおく限り不可能だと思います。なるべく0を目指しつつ、どこで折り合いをつけるかという判断になるのですが、その際でも、意識しておくといい2つのポイントをご紹介しておきます。

危険が潜んでいそうな場合は、次の2点に注意することです。

① 事実を伝える

② バランシングをする

①に関しては、**価値判断を避ける**ということです。さきほどの離婚の例で言えば、ディレクターのあいづちを避けて、**肯定も否定もしない**ということです。

しかし、ストーリー構成上、すべてにおいて価値判断を避けるわけにもいきません。

そこで、②が必要になります。

先ほどぼくは、西浦半島の例で、しれっと最後にこう述べました。

ちなみに、西浦には、豊橋まで新幹線を使えば、東京から2時間ほどで行けるので、興味のある方は、ぜひ行ってみてください。温泉もあります。

車で4～5時間かかるという事実のみにとどまらず、それを本書におけるストーリーで意味付けするために、ぼくは、「子育て世帯には、苦行に近い」と、マイナスの価値判断にまで踏み込みました。

しかし、それを超える「海近接で温泉も楽しめる」という魅力や、新幹線を使えばもっと手軽に行ける、という肯定の側面もしっかり描くことで、ネガティブな側面としっかりバランスをとります。

マイナス面も、プラス面もしっかり描く、ということです。

どうしても価値判断に踏み込まねばならない場合、この手段は、とても大切になります。

さて、ここまで「見えない『魅力』を伝える」ために、

> ①「受け手」がわからなくなっていないか？
> ②「受け手」がめんどくさいと思っていないか？
> ③「受け手」が不快に思っていないか？
> ④「受け手」が興味を持てないものになっていないか？

という、4つのうち、①〜③をご紹介してきました。
そして、いよいよ④ですが、実は、ここからが本書のキモになります。
次の章でじっくり解説していきます。

第4章

1秒も離さず常に興味を持ってもらう12の技術

──「冒頭」「持続」「ラスト」「連続性」

さて、ここからが、本書の「超メインディッシュ」です。

これまで、まず第1章で、「見たことないおもしろいもの」を作る基本的な思考法を述べました。続いて第2章で、「見たことないおもしろいもの」に興味を持ってもらうには、「メシ」や「エロ」といった本能に訴えかけるもの以外は、「見えない魅力を描く」ことが大切だと述べました。そのための武器こそ、「ストーリー作り」でした。

ぼくがやっている『家、ついて行ってイイですか?』の事例を交えながら、ストーリー作りの中でも、「魅力を引き出す方法」を述べてきました。

さらに、続く第3章では、そのストーリー作りにおける、「引き出した魅力を伝える方法」に焦点をあててきました。

ここからは、その「伝え方」の本質に迫っていこうと思います。

「興味がそもそもないものに、どうやって興味を持ってもらうか」というまさに禅問答のような、頭の痛くなる問題のど真ん中に迫る、「核心的武器」をご紹介します。

すこし「興味を持つ」ということに関して、考察を深めます。

テレビというのは、映画や書籍、ネット動画と異なる、異常な特徴があることは、すでに述べました。

「興味を持つ」では不十分であり、コンテンツ（番組）が消費されているあいだずっと、**「常に興味を持ち続けてもらう」**ことが要求される分野なのです。

たとえば、映画は1800円払って入ってもらえば、こちらの勝ち。

なので、大切なのは「アタマ」と「ケツ」。映画館に入ってもらって、途中がつまらなくても、エンディングでそれをしっかり盛り返せれば勝利です。

もちろん、大ヒットする映画は、「アタマ」と「ケツ」以外の真ん中である「カラダ」もおもしろく出来ているものがほとんどでしょう。

しかし、少なからぬポンコツな映画が存在し、なんとなく宣伝で食いつかせ「アタマ」（入ってもらうこと）は成功。ラストは壮大な音楽をかけるという「映画的詐術」で感動させて満足感を感じさせ、「ケツ」（この映画への満足感、さらには口コミで観てない人への訴求、次回作への期待など）も成功という映画があるのは間違いありません。

だからこそ、そのパロディとして、『カメラを止めるな！』的な手法の映画が爆発的大ヒットしたのではないでしょうか。

この映画は、結論に至る前の前半がどうしょうもなく「つまらない」のですが、その「つまらなさ」は、明らかにいま言ったようなポンコツ映画のパロディでしょうし、それが、結論への壮大な「フリ」になっているのです。

この映画を観たとき、ぼくも含めテレビマンは皆、悔しがり、羨ましがりました。単純にすばらしい映画だっただけでなく、それが「テレビにはできない手法」だったからです。テレビでは、基本的には、あのつまらない壮大なフリが成立しないのです。いくら宣伝を頑張って「アタマ」、すなわち冒頭で番組を観にきてもらっても、視聴者をその間、テレビの前につなぎとめておくことはできないからです。つまらないな、と思った瞬間にチャンネルを替えられてしまいます。

映画もテレビも、双方にそれぞれ強みと弱みは存在しますが、そこは「映画の表現における優位性」だと思いますし、「テレビの表現における劣位性」だと思います。

しかし、ぼくがこの本で貫くテーマそのものですが、**「劣位」であればあるほど、「制約」が多ければ多いほど、そこにはさまざまな「工夫」の余地が生まれます。**

江戸時代、女歌舞伎が売春の温床だとして規制されたからこそ、より繊細で、本物の女性より女性らしい所作を追求した現在の歌舞伎が誕生したように。

それこそ『カメラを止めるな!』が、「予算のなさ」と「無名の俳優たち」を逆手にとったからこそ、物語前段で、「本物のつまらなさ」を追求できたように。

もっとわかりやすく言えば、国家権力でエロ本を見ることを禁止されている男子高校生が、その抑圧にもかかわらず、結集した叡智と不断の努力でほぼ100%エロ本を見たことがあるというレジスタンスを実現しているように。

所詮は、1回ずつ消費されていく刹那的なメディアとして誕生し、かつ「無料」という料金体系ゆえに「マス」をターゲットとしていかざるを得ないテレビというメディアに、表現上の制約が多いのは事実です。たとえば、次のようなことです。

・テレビは、映画館のように視聴者を一定の場所に拘束できない

・テレビは、マスを対象とするため、表現に規制がある

・テレビは、視聴者を「一瞬たりとも離せない」と言いつつ、民放にはCMがある

決して、テレビメディアのことを卑下して泣き言を言っているわけではありません。テレビの強みと恩恵は、十分すぎるほど理解しているつもりです。

しかし、「優位」だったり、「制約なきところ」を観察しても、そこには何も発見できません。あるいは、発見できたとしても、何度も言いますが、それはリーディングカンパニー以外には無意味です。「制約」のあるところや、「劣位」であるところにこそ、新たな技術や、他のジャンルにでも応用できるような「工夫」が生まれます。

だからこそ、ここからの第4章では、テレビ業界においての「制約」である、「視聴者を閉じこめておけない」という状況から生まれた、「常に興味を持ってもらうための技術」を紹介していきます。本来ならそこまで突き詰めた究極の技術が必要とされてい

なかった業界にこそ、他のジャンルで究極の「制約」の中から生まれた技術を輸入すれば、それは他者を圧倒的に引き離す競争力になりえるからです。

現代金融工学の先駆けとも言われ、ノーベル経済学賞を受賞したブラック・ショールズ方程式が、理論的基礎を数学の偏微分方程式においていたように。

実際に会いに行け、お気に入りの女の子をナンバー1にするために応援するというAKB48のシステムが、しばしばキャバクラに似ていると言われるように。

「常に興味を持ってもらうための技術」は、次の4つに分解できます。

①「アタマで一気に興味を持ってもらう技術」

（1秒で惹きつける＝冒頭）

②「興味を持続させる技術」

（1秒も飽きさせない＝持続）

③「最後まで見た結果、満足してもらう技術」

（1秒も無駄ではなかったと納得してもらう＝ラスト）

第4章では、1つの「ストーリー」において、「常に興味を持ってもらうため」の12の武器を、この「冒頭」「持続」「ラスト」という3つに分け、すぐに実践できるよう、具体的に述べていきます。

それに加えて、「常に興味を持ってもらう」には、最後の総仕上げがあります。

④「心に突き刺さる『深さ』を作る技術」

（次回も見たいと思ってもらう＝連続性）

これは、テレビ番組なら、1つのストーリーだけでなく1時間番組全体。さらに、レギュラー番組なら、それに加えて番組が続く限りずっと「また来週も観たい」と思ってもらうことをさします。

『家、ついて行ってイイですか？』は、1時間番組なら3本、2時間番組の時は6〜7本のVTRで構成されます。この放送1回と、さらに番組が続く限り、『家、ついて行ってイイですか？』という番組を観てもらうために、ということです。

これは、第5章でじっくり述べていきます。

これから述べる12の技術は、①〜④のどれかだけに当てはまる場合もありますし、①〜④の複数に当てはまる場合もあります。ですが便宜上、①〜④の中の、もっともその技術が力を発揮するところを説明していきます。

そして、①〜④の最後までの武器を手に入れると、実はさらに次のステージへ進めます。それは、ここまで何度かでてきた「基本的に」という言葉と大きく関係してきます。実は、テレビ番組や、ものづくり、そして自分のやりたい企画をたくさん通したい会社員が目指す状態はここです。

それが、どういう意味か。読み進めてみてください。

メインディッシュを読みとくキーワードは、「うんこを漏らせ」「人生で一番つまらなかった映画」「茨城で壮絶不倫」です。まずは、

【冒頭編】1秒でつかむ

冒頭編【1秒でつかむ】① 一気に引き込む4つの設定

16

すべては「設定力」

「まったく知られていないものの魅力」を描く際の最低限の技術は、前章までで述べてきました。でも、元も子もないことを言いますが、そもそもそんなもの見たいと思うでしょうか？

たとえば、『家、ついて行ってイイですか？』の「市井の人」です。

ぼくは、見たいのです。

なぜなら、それまでさまざまな番組のロケを通して、「誰にでも人生ドラマの1つや2つ、胸にかかえて生きているものだ」と感じた「経験」がたくさんあったからです。

しかし、視聴者は「別に見たいと思わない」と考えるのが自然です。

だったらまず、**「見たい」と思わせる「設定」が必要**です。

これさえ押さえておけば、まずは第一段階クリアです。この設定がないコンテンツと、あるコンテンツでは、「おもしろさ」が明らかに違います。

この設定を作れるか否かが、エンターテインメントの世界で生きる、つまり職業として金を稼いでいく矜持を持つ「プロ演出家」の生命線だと思います。

『家、ついて行ってイイですか？』でいうなら、その設定は、「終電を逃して、まだ街

この項は…

- **「一瞬で見たくなる」webサイト・web記事・映像を作りたい**
- **自分の作ったコンテンツが「つまらない」と感じる**
- **「プロの演出家」がプロたる理由を知りたい**

人におすすめ

にいる人」でした。

次の2つを見てください。

・「人の家を見せてもらう番組」

・「**終電を逃した**人の家を見せてもらう番組」

同じ「市井の人」なのですが、その「市井の人」のどの「瞬間」を切り取るかで、まったく冒頭で持てる興味の度合いが異なってきます。

さらに「どの瞬間」か以外に、「方法」も、設定を作り込む手段の1つです。

たとえば、この番組におけるルールの1つが、前述した「即興」。

・「終電を逃した人の家を見せてもらう番組」

・「終電を逃した人の家を、**いますぐ**見せてもらう番組」

より、緊迫感が高まったと思います。同じ市井の人でも、「どの瞬間」を「どういう手段」で切り取るかによって、俄然興味が高まっていきます。

これが、まずお伝えしたい、「まったく知られていないものの魅力」を描く際の、最も大切な武器の1つです。

対象そのものに始めから喰いつけなくても、設定が作り出した「状況」に興味を持ってもらうという技術です。

この「設定」は、フィクションではごく普通に用いられる技術です。

たとえば、無職の女と、他人に構われることが嫌いなサラリーマンが、従業員と雇用主という肩書きの**契約結婚をして同棲を開始。**しかし、次第にその女性の優しさと気配りに心を動かされ、結果彼女いない歴36年にして男に恋愛感情が芽生え、本当の夫婦として暮らすことに。11歳年下という設定のみくり役・新垣結衣が可愛いすぎるでおなじみの『逃げるは恥だが役に立つ』。

タイムラグのある世界を生きる**男女の体が、ある日突然入れ替わり、**巨大な彗星が落ちるでおなじみの『君の名は。』。

軍事政権が支配している日本で、**海に囲まれた無人島に閉じ込められた中学生42人が、最後のひとりになるまで殺し合いを強要される**という、胸糞の悪さでおなじみの『バトル・ロワイヤル』。

ドラマ・マンガ、アニメ、小説・映画、とさまざまな分野で近年ヒットした作品ばかりですが、「さりげなく萌え」だったり「SF的」だったり「恐怖」だったり、物語において、単純な日常ではなく、「非日常へと誘う設定」が重要な役割を果たしています。『家、ついて行ってイイですか?』の「終電後」もこれです。

しかし、これは何も、いまに始まったことではありません。

たとえば、カフェーの女給と、他人に構われることが嫌いなサラリーマンが、**「友達のように暮らそう」と同棲を開始。**しかし、次第にその女性の魔性に翻弄され、結果、彼女いない歴36年にして男に奴隷としての感情が芽生え、奴隷とご主人様として暮らすことに。13歳年下という設定のナオミがドSすぎるでおなじみの、大正13年、谷崎潤一郎の『痴人の愛』。

内気で女性的な男子と、快活な性格な女子を、父親がある日突然入れ替え、そのまま育てて将来大惨事でおなじみの、平安時代の『とりかへばや物語』。

軍事政権が支配しているっぽいアメリカで、**軍隊に囲まれた12歳から18歳の少年たち100人が、最後のひとりになるまでひたすら歩かされ、脱落したものから次々に殺される**という胸糞の悪さでおなじみの、スティーヴン・キング*の処女作『死のロングウォーク』。
古今東西、さまざまなストーリーは、「設定」によって、非日常の興味深いストーリーを作りだしてきました。

これらは、厳密にいうと、**「シチュエーションの設定」**です。フィクションは、「シチュエーションの設定」以外にも、さまざまな設定の積み重ねでできています。
いやな上司がいればすぐに2倍復讐するでおなじみの『半沢直樹』の主人公、副将軍のクセにずいぶん気ままに諸国を漫遊し、おせっかいを焼いては権威を振りかざして悪代官を懲らしめるでおなじみの『水戸黄門』のように、「シチュエーション」の設定は比較的リアルでも、**「キャラクターの設定」**が強烈な作品があります。

あるいは、**自由気ままに旅しては、毎回ずいぶん年下に恋してフら**

＊『ショーシャンクの空に』、『グリーン・マイル』、『スタンド・バイ・ミー』の原作の作者

れるおじさんを描いた『男はつらいよ』、**とりあえずセックスして女子会のネタにする**でおなじみの『セックス・アンド・ザ・シティ』など、ちょっとありそうで、かつうまく願望をとらえつつ、しかしなかなか現実では一歩踏み出せないうまいラインをついてる**「行動パターンの設定」**が特徴的なもの。

こうした「シチュエーションの設定」「キャラクターの設定」「行動パターンの設定」そして先ほど述べた即興のような「手段の設定」をうまく駆使して、時に組み合わせて、読者や視聴者の、興味を刺激する魅力的な物語を作っていきます。

バラエティの世界でも、**イケメンを25人の美女が奪い合う**様を描いた『ザ・バチェラー』、**イケすかない美男美女をオシャレな部屋で暮らさせる**『テラスハウス』のようなリアリティーショーや、僕が入社して間もない頃ＡＤとして担当した『ＴＶチャンピオン』のような、ドキュメント・バラエティー（ドキュメンタリーの手法を用いたバラエティー）は、これらの「シチュエーション設定」や、人選を通して「キャラクター設定」を行うなど、「設定」を重要な演出手段として用います。

しかし、日本でノンフィクションのドキュメンタリーの場合は、こうした「設定」を用いるという手法はあまり用いられません。

なぜなら、日本のテレビ局のドキュメンタリーの担い手は、ほとんどが報道畑だからです。ぼくが所属する「制作局」という部署で、ドキュメンタリー的な番組を制作することは、まれです。しかし、だからこそ、この「設定」という手法はドキュメンタリーにおいて大きな武器になります。

ドキュメンタリー番組だけではありません。「まったく知られていないものの魅力」を描くという場合、ドキュメンタリー以外のノンフィクション的要素の強いバラエティ番組でも、ネット記事でも、PR企画でも、「設定」は興味を持つ人を広げてくれる、強烈な武器です。

ただし、ノンフィクションの場合、このすべての「設定」を自由に駆使できるわけではない。ここが、フィクションとは異なるところです。なかでも特に『家、ついて行ってイイですか？』のように即興性と偶然性を大きな演出の柱においている番組では、使える「設定」の武器は、「シチュエーションの設定」と「手段の設定」だけ。

しかし、常に視聴率という結果を求められるゴールデンという時間帯で、「まったく知られていない市井の人の魅力」を描くだけでなく、ちゃんと数百万人の人に、しかも毎週観てもらおうというからには、なんの武器も持たずに戦うわけにはいきません。

制作局という部署にいて「設定」という武器の使い方を学んだバラエティの経験がなければ、実現しえなかったと思います。

『家、ついて行ってイイですか?』では、当初「深夜に終電を逃した人」という設定でしたが、その後**「祭りの後」**や、**「銭湯で風呂あがりの人」**、**「昼居酒屋で飲んでいる人」**という、「シチュエーション設定」も加えていきました。

そのすべてに共通しているのは、**日常と非日常の「間」を作る力のある瞬間**を切り取る、ということです。この3つの「瞬間」はすべて「人の心が解放的になっている瞬間」を狙ったものです。

「祭り」はアドレナリンが大量に分泌されて、普段とは違う高揚感を得られる時です。

「風呂あがり」は逆に、副交感神経が優位となって、とてもリラックスしている、日常の中のちょっとした非日常な瞬間です。昼から居酒屋で飲んでいる人も、「昼に飲む」という解放感やアルコールも手伝って、ちょっとした「非日常」気分にある時でしょう。
いきなり出会ったテレビカメラに、すぐになんでも明け透けにしゃべれる人なんて、そうそういません。視聴者も、なんでもない場所でインタビューされている人が、「何か赤裸々にしゃべってくれそうだ」とは期待できないでしょう。

しかし、大小の差こそあれ、日常の中にある「非日常」を丹念に見つけ出し、その「シチュエーション」を「設定」として武器にすることで、取材においても、ふだんはなかなか語ってくれない赤裸々な話を語ってくれます。

視聴者も「何か起こるかも」という期待値を、「まったく知られていない市井の人」に対して抱きやすくなります。

「見たことないおもしろいもの」を描くため、「ストーリー作り」に苦心しても、誰も見てくれず自己満足しているだけでは意味がありません。**より多くの人に見てもらおうとするなら、「設定がすべて」**です。

補足

ここは、より「ドキュメンタリー」を、特に「報道系ドキュメンタリー」を楽しみたいと思う人に、読んでいただければと思います。

それ以外の人はスルーして大丈夫です。

ちなみに、報道が扱うドキュメンタリーには、そもそも「設定」があまりないほうがいい場合や、「設定」を強めないほうがいい場合もあります。

（インタビューなり、編集の方針を何にも考えないでやる人はいないので、まったく「ない」というのは、そもそも概念として存在しえませんが。）

たとえば、そもそも取材対象に関心が強い場合。たとえば、北九州連続殺人事件の犯人の息子さんを扱った、フジテレビの『ザ・ノンフィクション　人殺しの息子と呼ばれて』は、淡々とした2週にわたる1時間番組で、それがほぼすべてストレートなインタビューでした。しかしそれが逆に息を飲む緊迫感と相まって目が離せない映像になっていましたし、それが作った方の狙いなのではないかな、とぼくは思いました。

これは、圧倒的に取材対象者に興味がある場合です。1つ屋根の下で家族が殺しあうことになった、というもともとの事件は、世間の関心を集めざるをえませんでしたし、その現場にもいた息子さんの生の話には、その言葉一つひとつにそもそも興味がすでに向けられています。このドキュメンタリーの持つ迫力はすごいものがありましたし、視聴率も日曜日の昼なのに10%を超えるなど、高い評価を受けました。

「インタビューで行く」というのもそもそも「設定」に他なりませんが、「設定」を強めすぎないほうがいいということの好例だったと思います。

また、「設定」を意図的に、たくみに使った報道系ドキュメンタリーも、よく見ていくとあるにはあります。

東海テレビのドキュメンタリーに『ヤクザと憲法』というのがあります。シチュエーションの設定はあえて強めていないように思いましたが、ディレクターがヤクザの事務所で「拳銃とかありますか?」と淡々と聞くシーンは逆にそれが功を奏しているように思いました。

これも、圧倒的に取材対象者に興味がある場合というのがあてはまります。ヤクザのリアルな日常は、そもそも「非日常」です。

しかし「シチュエーション設定」は意識的にそれほど強めていなくても、この番組は「キャラ設定」が最高です。出てくるヤクザがみんな「キャラ」が良い。つまり、人選というキャラ設定ですでに勝利しています。さらに、ヤクザに「拳銃とかありますか?」と聞くディレクターのちょっと素っ頓狂な感じ(多分、あえての、だと思います)も、「キャラ設定」で勝利していると思いました。

おもしろいドキュメンタリーというのは、「キャラが良い」ということがとても大切な武器になります。

高等技術ですが、実はこのように取材者自身の「キャラ」設定を武器にするという方法もあります。

有名なところでは、日本テレビの「イマイです」シリーズが有名です。これは架空請求や振り込め詐欺の悪徳業者の「ここに連絡して下さい」とある連絡先に、実際にイマイさんが「イマイです」と名乗り、ひたすら論理的に悪徳業者を追い詰め、向こうが電話を切っても、こちらから「イマイです」と電話をかけ続けるという、ノンフィクションの番組でした。

この番組は、何度電話をかけても、圧倒的しつこさで「イマイです」とひたすら粘着する、イマイさんの「キャラ設定」の勝利でした。

「手段の設定」がとても秀逸なドキュメンタリーもあります。NHKに『ケンボー先生と山田先生～辞書に人生を捧げた二人の男～』というドキュメンタリーがありました。これは、もとは一緒に辞書作りをしていながら、たもとを分かち『新明解国語辞典』と『三省堂国語辞典』という今でも人気の辞書を生んだ2人の男の理想と確執、そしてたもとを分かった後のお互いへの思いを、実際にそれぞれが作った「辞書」の例文を通して読み解いていくという、「手段の設定」がかっこよすぎるドキュメンタリーでした。

また、「シチュエーション設定」でいえば、東海テレビの『裁判長のお弁当』という番組は、普段は相好を崩すことの少ない裁判長という人物を「メシ時」という、仕事との対象という意味での「非日常」を軸に切り取ろうというものでした。

このように、「設定」を駆使した報道系のドキュメンタリーはよく見ていくとあります。というか、ここに挙げたのはすべて高視聴率だったり、映画化されたり、書籍化されたりしているものです。そのようになんらかの評価されているものには、そうした「設定」があるものが多いとは思います。

しかし、「報道」という性質上、いつでもそれを志向するのが正しいとは限らないのも事実です。「設定」は手段です。そしてノンフィクションにおいて、その目的は「真実」を描くため（本音を語らない取材対象者に心を開いてもらうとか、切り口を変えることでいままで見えなかった真実が見えてくるとか）だったり、より多くの人に「興味」を持ってもらうためだったり、さまざまです。

報道局というのはどちらかというと、「真実」を描くための手段という色彩が強い場合が多い気がします。

制作局という部署は良くも悪くも、エンターテインメントという性質上やゴールデン番組が多い部署です。

その特性上、「設定」を考える際により多くの人に観てもらえるものは何かというベクトルを組み込んで考慮する意識が強い気がします。しかし、本当に魅力的なコンテンツは、その両方を兼ね備えているものなのだと思います。

ここではなるべく、今でもアクセスできる番組を多めに紹介しました。
駆使された「設定」の目的はなんなのか。
いくつかあるなら、それがどれくらいの割合でブレンドされているのか。
ぜひ、興味がありましたら、そんなことを考えながら観てみるのもおすすめです。

価値観が逆転する「目線力」

冒頭編【1秒でつかむ】②「興味ない」を「おもしろい」に変える魔法

17

これは、まったく興味がないものを一瞬にして「興味を持つ状態」にする、「革命」を起こす手法です。

ここで、人生で一番つまらなかった映画に出会った話をさせてください。

いえ、なにもその映画をけなそうというわけではないのです。実は、このクソつまらなかった爆睡必至の映画が、いまではぼくの人生の中で「最高に素晴らしい映画」の1つにランクインしている過程についてです。クソつまらなかったのに、です。

その映画の名は、『大いなる沈黙へ』。34ページで、ノーナレーション・ノーミュジックという手法を用いた海外の映画の例として、言及しました。

これは、グランド・シャルトルーズという男子修道院に、初めてカメラが入ったドキュメンタリー映画です。

この修道院は、カトリック教会の中でも厳しい戒律で知られています。俗世間と隔絶された、フランスはアルプス山脈の厳しい自然の中での自給自足、毎日夜19時30分には就寝して、夜23時30分には起床。0時15分から3時まで祈祷を捧げ就寝。そして、また朝6時30分には起きて礼拝とミサ……。これだけで、ぼくのような堕落しきった一般人から見たらどうかしてるストイックな暮らしですが、これはまだ序の口。

この項は…

- ・PR・営業・プレゼン etc. で「自分の意図が伝わらない」
- ・「内容は良かったけど……」と言われ、よく商業的に失敗する
- ・「ネガティブなこと」を相手に伝えなければならない

人におすすめ

そうした礼拝や農作業などの労働以外の時間も、藁のベッドとストーブ、そして小さなブリキの小箱に収まる所持品だけがある小さな部屋で祈りを捧げるなどして生活。会話は原則として許されず、わずかに日曜日の午後にもうけられた散歩の時間にのみ許されるといった、ウルトラ・ドストイックな修道院です。

そんな修道院に、世界で初めてカメラが入ったのです。しかも、監督のフィリップ・グレーニングは、1984年に取材を申し込むも「まだ早い」と断られる。そして、16年後「準備が整った」と修道院から連絡があったというのです。

どうです？　超おもしろそうだと思いませんか？

もう、これは観るしかない。そう思い、買ったんです、DVDを。

お値段なんと、8553円。

8553円ですよ？

普通の映画DVDなら最新作を2本、準新作なら、下手したら4本は買える値段です。

しかも尺は正味169分。編集に5年かけたと言います。さぞ、「撮れ高」があったのでしょう。期待は高まるばかりです。

妻が実家に帰って留守のとある日曜日、はやる気持ちを抑え、満を持しての再生です。

結果……、

爆睡です。

いやいや、ちょっと待ってくれ。855３円ですから。

巻き戻して、記憶が途切れたところから再生しました。しかし……、

また、爆睡です。

いやいやいや、855３円ですから……。

睡魔と戦い、幾度も巻き戻しながら、最後まで観終わりました。ここまで退屈と格闘しながら観た映画は、後にも先にも、この映画しかありません。

もう、怒りがおさまりませんでした。

いったい、この映画はなんだったんだ。

5年編集？　いったい、5年何してたんだよ。2週間でできるわ、こんな編集！

どういうことなんだ、誰か教えてくれ。

ネットでひたすら口コミをみましたが、納得のいく口コミは全然ありませんでした。

1週間、頭から離れなかったんです。

1週間、頭から離れないほどの「圧倒的退屈」。

それは、衝撃的な体験です。


しかし、いま思えば、これこそが、監督の思うツボだったのかもしれません。1週間ほどたったある時、ふと「ストン」と、すべてが腑に落ちる瞬間がきたのです。

「そうか、そうだったのか！」

その瞬間、身の毛がよだつような思いをしたのを覚えています。

1つだけ「目線」を発見することで、この映画が、いままでに体験したことのない、「唯一無二の映画」だったことに気づかされたのです。

この映画はおそらく、

「圧倒的退屈を、身をもって体験する映画」だったのです。

祈りしか許されない。会話も許されない。静寂の中、一生祈りを捧げ続ける人生。それはどんな生活なのか。おそらく、都会に暮らして刺激に囲まれた我々にしたら、「圧倒的に退屈」な生活なはず。では、どうして修道士たちは、世の中から隔絶された修道院にこもり、一生をそんな「圧倒的に退屈な生活」の中で生きようと考えたのか。

彼らの考えの深淵には迫れずとも、その水面くらいにはたどり着くには、どんな映像作品にしたらよいのだろうか。

そうだ。「圧倒的退屈」を味わわせる映画にすればいい。

すべては、そこに向かって編集すればいいのです。

監督は、おそらくそれを5年考え続けたに違いない。編集に5年かかったのも納得です。修道士がただ、こちらをじっと何秒も見つめる謎のカットも、ひょっとしたらこのためかもしれない。

常識にとらわれた「構造」を発見しようとしていたから、この映画は理解できなかったけれど、この「圧倒的退屈」を味わわせるための映画であるという「目線」を発見できてからは、すべてを理解できました。

これは、まさに革命です。**「人生最悪の映画」から、「人生最高の映画」の1つに、一瞬にして自分の中の価値の転換が起きました。**

映像作品としても革命的です。３Ｄ、４Ｄを圧倒的に超えた5Dともいうべき、圧倒的体感型の映画です。

ここまでくると、８５５３円という値段も、もはや演出だったとさえ言えます。これが２０００円だったら、そんなに悔しくないと思います。だから1週間も考えないし、それゆえこの「目線」を発見できなかった。

惜しむらくは、この映画を映画館で観られなかったことです。ＤＶＤは、自分のペースでいつでも離脱することができてしまいますが、映画館はそうはいかない。絶望的に閉鎖された空間で、永遠にも感じられる１６９分を体験する。それこそが、アルプスの山深くに隔絶され、基本的には生涯をそこで過ごし、自由に外出などできない修道院生活に、より近かったでしょう。

ふざけて言ってるわけではありません。

この感動はぜひ味わってほしいと、心の底から思います。

このように、「目線」1つですべてのコンテンツは、持つ価値が変わることがあります。その意味づけ、解釈1つで、実際に中身の価値も変わってきます。また、視聴者が冒頭で持つ「興味」を、ぐっとひきあげることができます。

しかし、この映画に関しては、とても悩ましい自己矛盾を内在していました。「圧倒的に退屈してもらうこと」(興味を持たせないこと)が目標なので、冒頭でその目的を明示するわけにもいかないのです。意図が明示され、興味を持たれては、作戦失敗ですから。また、口コミですぐに広がる時代ですから、映画の結論として、監督自らが意味を開陳することもできなかったはずです。

監督は、さぞ悩んだのではないでしょうか。

ただ、この作品は、そうした内在的な矛盾を抱えていた上に、どちらかというと芸術に近い映画でしたので、これでよいと思います。

しかし、「エンターテインメント」を標榜するテレビは、そうも言っていられません。ネットの記事も、会社でのプレゼン資料もそうです。

「感じてくれ! 俺の魂の叫びを、俺は黙っているけど感じてく

れ！　1週間考えてくれ！」は、通用しません。

なので、コンテンツの冒頭に、一瞬で見る「目線」をつける技術が必要です。

『家、ついて行ってイイですか？』で、衝撃的なＶＴＲに出くわしたことがありました。


ここから先は従来の常識が崩壊する可能性があります。

注意してお読みください。


それは茨城に住む75歳のおじいちゃんの話でした。フリーマーケットで出会ったそのおじいさんは、「待たせている人がいる」ということでした。

その待ち人のところへ行くと、なんとその女性は不倫相手。御年85歳。

そこからの赤裸々すぎる半生の告白が、衝撃的だったのです。

お互い妻子がいながら、40年もの間不倫関係にあること。

それは、お互いの家族も知っているし、あけっぴろげにしていること。

いまだに、よくモーテルに行ってること。

出会ってすぐの時も、気づいたら山奥のモーテルに行ってたこと。

このあけすけな会話は、数々の芸能人が、そういえばなぜ「文春砲」で引退しなければならなかったのかと、現代を生きる我々の価値観をゆさぶるものでした。

しかし、そこには、しっかり理由がありました。

かつて、自由恋愛ではなく「お見合い」が主流だった時代。どうしても、決められた配偶者とうまくいかなかったというのです。この茨城の農村に残されていて、まもなく静かに消えようとしている、歴史には残らないリアルな「裏昭和」。

これをオンエアするかどうか、ぼくは迷いました。

オンエアするにしても、下手をすると、このＶＴＲの魅力が伝わらなかったり誤解されるのではないかと思いました。このＶＴＲは決して不倫の価値判断をするものではないが、下手をするとそうとられてしまいかねない。そう捉えられては、魅力がちゃんと伝わらない。

つまり、「興味を持ってもらえない」と思ったのです。

このＶＴＲは、歴史には描かれない、リアルな庶民の生活が描かれていました。そして、その生活は、よく描かれるような「昭和賛美」だけでは理解できないはずだし、かといって、そんな時代が深刻な暗さをまとっていたわけではないということも伝えるVTRでした。

ちょうど週刊誌の報道などで、「不倫」という言葉すべてが絶対悪というバッシングが吹き荒れている頃でした。もちろん、このVTRは、現代社会においての「不倫」に価値判断をするものではないし、番組として是認するわけではない。

しかし、ぼくは、

・すべての行為には「理由」があり、その理由は当事者しかうかがい知れないものもある
・その水面下の理由に思考を至らせず、水面上に出てきた行為という「結果」だけを絶対的な判断基準として価値判断をしていくという風潮は、「不倫」問題に関してはともかく、もっと深刻な問題に直面した時に、相当危険である
・「現在」という時代に立脚した「正義」で、「過去」という時代に立脚していた

「行為」を断罪することは危険である

そう考えを相対化させるところが、このＶＴＲの魅力の１つかなと思いました。

しかし、これは、先ほどの、ウルトラ・ドストイック修道院のテーマ並にわかりにくいテーマです。

そこでぼくは、放送の冒頭に、

従来の常識が崩壊するＶＴＲですが
ご家族の同意を得て放送しております

という「但し書き」を、黒ベースに白文字で入れることにしました(画像)。

このＶＴＲは、「現代の常識を持ってしては、見ないでください」、「むしろ、現代の常識を相対化することが狙いの１つです」ということを冒頭でお伝えしたのです。

従来の常識が崩壊するVTRですが
ご家族の同意を得て放送しております

そうすれば、「常識が崩壊するってどういうことだろう?」と、ぐっと興味を持ってVTRを観てもらえるでしょう。「不倫」の価値判断でなく、あらゆる物事の価値判断の方法論に関して問題提起をするVTRだ、という「目線」を持ってもらおうという狙いもありました。

さて、この「茨城のリアル裏昭和」の話をはじめる直前、250ページで、

ここから先は従来の常識が崩壊する可能性があります。
注意してお読みください。

と、目線をつけておきました。
少しだけ、興味をひかれはしなかったでしょうか。

このように「目線」を提示することは、VTRの価値内容そのものの魅力をぐっと増すことに寄与します。そして、「冒頭」でぐっと興味を惹きつける効果もあります。

これは、取材の時にも、編集の時にも、常に考えるべき技術です。

それはテレビの場合、テロップや、サイドと呼ばれる画面の上に出ている文字。

Web記事や雑誌や書籍なら、見出しや、書き出し、目次。

プレゼン資料なら、ページごとのタイトル。

営業なら、トークの導入部、ということになると思います。

あくまで、この目線は毎回なくてはいけないわけではありません。毎回あると、ワクワク感も消えてしまいますし、何よりおしつけがましく見えてしまいます。

しかし、「ここぞ」という大一番や、VTRの魅力が目線付けにより劇的にアップする場合、つまり**「魅力がわかりづらいテーマである場合」**や、VTRの内容が目線付けすることで正しく見られる場合、つまり**「魅力が誤解されそうな場合」**は、強力な武器となる技術です。

目線をしっかりつけられるか否かが、「アタマで興味を持たせられるか否か」の命運を握っています。

18

タイムマシン編集力

冒頭編【1秒でつかむ】③ 逆から「因果関係」を作る

ぼくが一番嫌いなタレントは、みのもんたです。

そう言わねばならない理由を、これからご説明します。

ストーリーに冒頭から食いついてもらう技術の1つに、**「結論から見せる」**という方法があります。

どうしても、映像の編集は、文字や、マンガなどに比べて「時間軸」に支配されます。早送りができるDVDや飛ばし見できる「ネット動画」と違い、テレビはその傾向が特に強い。だからこそ、「冒頭でいっきに興味をつかむ技術」が、特段に進化した業界だといえます。

しかし、「時間軸の影響」が強いからか、逆に駆け出しのディレクターのVTRはどうしても、この時間軸に左右されていることが多いのです。

その結果、わかりにくくなったり、魅力の部分にたどりつく前に飽きてしまうケースが、とても多くあります。

「編集」という作業はストーリー作りの根本ですし、無数にある構成要素をどういう配置で並べるかという「取捨選択」の意味では、すべての表現、ものづくりの根本です。

この項は…

- **営業、PR、web サイト etc. で、「新規接触」が重要である**
- **「一瞬で引き込む」ストーリー構成力が欲しい**
- **プロっぽい「動画構成法」を身に付けたい**

人におすすめ

こどもの「積み木あそび」も「絵画」も「建築」も「メーカーにおける新商品作り」も、会社における「プレゼン資料作り」も「スピーチ」や「他人との会話」でさえも、です。

「建築」や「絵画」、「積み木あそび」は、その取捨選択を「空間」に対して行うのに対し、「結婚式のスピーチ」や「営業トーク」などの会話は、その取捨選択を「時間」に対して行う。

そして、「映像」や「プレゼン資料作り」は、「空間」と「時間」の双方にその取捨選択を行い、それを「編集」と呼びます。

どうしても、記憶を呼び起こして文章を書こうとしたり映像を並べたりしようとすると、体験した順番に描きたくなるのですが、**常に「それが最適な順番か」を意識して、構成要素を並べる**べきです。

「最適」の基準は、わかりやすさやおもしろさなどいろいろありますが、ここでは、「興味を持てるか」。しかも「冒頭で」です。

一番極端な手法ですが、ストーリーの描き方で、「興味を持たせる」という意味で効果的なものに、**「クライマックスから描く」**という手法があります。

『ダイエットＪＡＰＡＮ』という、何回か放送している特番では、こういう手法をとったことがあります。

番組がはじまるファーストシーン。

合計６００kgを超える４人のおデブちゃんたちが、号泣しているのです。

そして、次に日本への感謝を述べる。「日本のおかげだ」と。

そして、彼らは、祖国へ帰っていくのです。

これは、もちろん撮影順でいえば、もっとも最後に撮影したシーンです。

しかし、何人もの巨体の持ち主が、成田空港で泣いている姿は、何が起こったのか、といっきに興味をひくに十分な、やや「異常な」光景でした。

しかも、「日本のおかげ」と、何やら日本に感謝しています。これも、なんか日本人の自分がいいことしたみたいで、気持ちいいはずです。

そして、番組ではナレーションでこう引き取ります。

「これは、彼らが日本に滞在した2か月のプロジェクトの最終日のことである」

そして、その後、海外のとんでもないおデブちゃんを日本に2か月間つれてきて、和食だけ食べてもらってダイエットする、という番組の趣旨説明に入ります。

「そうか、この2時間番組を観終わると、感動を味わえて、しかも何やらいいことをした気分が味わえそうだ……」。そう思ってもらえれば、と思ったのです。

この、冒頭にクライマックスを持ってくる手法は、かなり効果が期待できる手法です。

しかし、だからこそ次の3点は、補足させてください。

(1)「あざとさ」と真剣に向き合う覚悟が必要

(2)本当に内容に自信があるときにだけ、やるべき
(3)この手法がふさわしくない場合がある

(1)に関して、この手法は、ややもすればあざとく見える危険性があります。

しかし、だからと言って、興味を持ってもらう手段があるのに、みすみすその手法を完全に黙殺するのなら、作り手失格です。

本当に自分が作ったものを見てもらいたいなら、見てもらう価値があるというなら、なんとかそれを見てもらう努力をすべきです。それを放棄したら、自己満足の趣味です。

何かを自分の思いを伝える「表現」として、あるいは「ビジネス」としてストーリーを作ろうというのなら、絶対になんとかして見てもらいたいという「隠した執着」を諦めてはいけません。

「隠した執着」というのは、あくまでその執着による工夫は、やや隠れていたほうが、ストーリーへの没入や理解の邪魔にならない、という意味で、です。

評論家や、極めて敏感な視聴者がそこに気づいてくれる分には問題はありません。しかし、「ストーリーを見てもらうために邪魔でないか」を常に念頭に置きながら、こう

した技法は駆使すべきです。

だからこそ、この場合の「冒頭でクライマックスを描く」という手法なら、事実を中心に構成し、なるべく抑えめなトーンで作るほうが、心に響きます。

「見てくれ！」と全力で来られると、ひいてしまうのが人情というものです。

先ほどの空港で号泣するおデブちゃんのシーンのあと、ナレーションで、

「これは、おデブちゃんたちが、日本に滞在した、汗と努力と涙がいりまじる、感動のドラマである。」

なんて言われた日には、観る気が失せます。さらりと事実のみで、「これは、彼らが日本に滞在した2か月のプロジェクトの最終日のことである」のほうがいい。秘めた気持ちとして、「もし、よかったらご覧ください」ぐらいのトーンがちょうどいい場合が多いのです。

そして、それと関係してきますし、だからこそ、なのが次の(2)です。

⑵ 本当に内容に自信があるときにだけ、やるべき

この手法は、「興味を持たせる」という効果の反面、とある副作用をもたらすことがあります。それは、「ハードルを上げてしまう」ということです。

人は、「そんなに期待していなかったのに、見てみたら意外とよかった」という偶然性を好む傾向があります。

「出会おう」と必死になって出かけた合コンでの出会いより、毎回図書館で借りる本の図書カードにいつも同じ人物の名前が書かれていて、その人の名をたまたま別の場所で耳にすることになり、同じ学校に通っていたことに気づく、などという偶然の出会いに惹かれるのと似ています。ですから、テレビにおいては、「ハードルを下げる」という技術が大切なことも確かなのです。

ぼくも、『家、ついて行ってイイですか?』という、偶然性がすべての番組をやっているので、当然「偶然性」と、それが生み出す「予定不調和」は大好きですし、「偶然性」にこそ、ロマンが潜んでいると思っています。だからこそ、冒頭でクライマックス

を描く手法というのは、「本当に内容に自信があるときにやるべき」です。

つまり、**上がりきったハードルをちゃんと越えられる時だけ**、です。

より具体的にいうなら、冒頭でクライマックスを観た時、人間の心理はこの2つの、まったく別次元の心理作用が働きます。

・「お、感動できそうだな」

・「クライマックスに至るストーリーのレベルは○○程度だろう」

人間には、肉食獣に捕食されていた数百万年の経験から、つねづね「結果にいたる過程を瞬時に推測する」という本能が備わっています。特に「感動」のように感情を揺さぶられる作用に対しては、その働きは特に敏感な気がします。

ですから、視聴者のみなさんが想定する「レベルは○○程度だろうな」を越えられそうな場合にのみ、この手法を用いるべきです。

なぜなら、この手法は、**もしそのレベルに至らなかった場合に、クライ**

マックスに至る過程で失望を抱かせるからです。そうすると、1回きりの勝負でない限り、必ずコンテンツの「継続性」に影響を及ぼします。

そろそろ、お気づきでしょうが、この項の冒頭で、「ぼくが一番嫌いなタレントは、みのもんたです」とフリました。

これは、この項のテーマである「クライマックスを冒頭に描く」ということの実例としてあげたものです。

「実は、うそでした」と言ったら、いますぐこの本を破り捨ててダイヤモンド社にクレーム電話を入れますよね。大丈夫です。一応、スカしではありません。

ちなみに、「ならテレビの1回きりの特番とか、1回きりのキャンペーン企画ならいいのでは？」という誘惑が頭によぎるかもしれませんが、やめたほうが賢明です。

なぜなら、**その番組や企画は1回きりでも、その行為の主体であるテレビ東京や、あなたの企業は、まだ続くから**です。

テレビ局なら、チャンネルに対するイメージである「ステーションイメージ」がじわじわ下がります。それどころかテレビ全体に対する信頼もじわじわ下がります。

きれいごとは知りつつも、たまにそういった誘惑にかられつつも、事実がショボい時に、クライマックスから見せる手法はおすすめできません。

(3) この手法がふさわしくない場合がある

そして、内容に本当に自信があっても、やるべきではない場合があります。

たとえば、前項で少し触れた「偶然性」や、「予定不調和」を世界観のキモに据えた番組においては逆効果です。そのほかにも、そうした場合があります。

たとえば、**「結果そのものに興味があるもの」**がそうです。

もっともわかりやすいものだと、スポーツです。サッカーの試合の前に、どちらかのチームの選手が号泣するシーンをいれるのは、基本的にはアホです。

これ以外にも、この手法が適さない場合は多くあります。

そして、この手法だけではなく、本書で紹介する手法は、すべての場面で使用することがプラスになるとは限りません。あくまで、コンテンツやストーリー全体がどういう世界観なのかをしっかり理解した上で、適切な手法を用いないと、逆効果になります。

このように、「ストーリー」の作り手、テレビで言えばディレクターの腕は、「編集」の能力によって大きく左右されます。

「編集」というのは、ことテレビにおいては、ヤラセの入り口のような捉えられ方をすることがありますが、それは決して違います。事実の魅力をよりわかりやすく描くための、そしてそれをより多くの人に味わってもらうための、強力な武器です。

なので、この「編集」こそ腕の見せ所なのですが、みのもんたさんの場合は、おそらくそうはいかないのです。なぜなら、「みのもんたさんは天才なんじゃないか」と、入社1年目の頃思った記憶があるからです。

ぼくは、1年目のとき、みのもんたさんが司会を務める『月曜エンタぁテイメント』という番組に配属されました。

毎週2時間、毎回違った内容の特番を放送するのですが、**2時間番組にもかかわらず、収録時間がほぼ2時間**なのです。みのもんたさんは、スタジオで感想トークを引き出す時のまわしに、ほぼ無駄がないのです。

ゲストに、「〇〇さん、どう？」と、まずは手短に聞きます。

実は、いまになったからこそわかるのですが、これ、ディレクターにとっては非常に嬉しい質問の形式なのです。

気をきかせて「〇〇さん、ＶＴＲの△△の箇所、どう思った？」と聞く司会者の方も多いのですが、まずディレクターは「ゲスト」が全体としてどうだったかを聞きたい。なぜなら、それは視聴者がどう思ったかの試金石ですし、多様で自由な感想を得たいからです。そして結果そのほうが、自然な感想で使いどころがあるものなのです。

まぁ、みのもんたさんは、ＶＴＲ中、目をつむっていることもたまにあったので、ひょっとして寝ていてよくＶＴＲのことわかってないんじゃないかと思ったこともありましたが……。そして、そのように「どうだった？」と漠然と聞いても、ゲストの皆さんは、俳優さんや文化人である場合もあります。必ずしもみんながみんな、芸人さんのようにしゃべり上手なわけではありません。

どうしても、明らかに話題がそれることもあるのですが、その時さりげなく本線に戻したり、時にさらっと次の人へしゃべるターンを変えるのが、みのもんたさんはとてもうまかった印象があります。本当に無駄がないのです。

脱線を戻せるということは、ＶＴＲの内容を覚えているということですから、目をつむっていても、居眠りしていたわけではないのでしょう。目をつむっていても、しっかり大切な部分の記憶だけは呼び出せるなんて。ＶＴＲの中で、瞬時に大切そうなところと、そうでないところを見極める力に長けていたのでしょう。20分のＶＴＲを、自分の直感で瞬時に短縮編集し、15分くらいにして味わっていたのではないかと思います。本当に不思議な方でした。

でも、このように完璧すぎては、ディレクターの腕の見せ所がありません。基本的には、そのほうが、タレントさんとして格が上です。一般的には、そういうタレントさんのほうが、人気が出ます。

でも、やることなくて悔しいな、という意味で、みのもんたさんは嫌いなのです。ぼくは、ちょっと変態で、予測不調和なわけのわからなさが好きでした。ですから、あまりに上手すぎるタレントさんだと、物足りなさを感じるのです。

19

冒頭編【1秒でつかむ】④「安心感」と「新規性」を両立させる方法

「矛盾する本能」解決力

さて、ここで1つまた大切なことを述べなければなりません。本書のテーマに関わる重要なことです。

「見たことないおもしろいものを作り」、それを「大勢の人に見てもらいたい」。

実は、ここには大きな矛盾が潜んでいます。

これは、テレビ番組にとどまらず、あらゆる業界での「新商品」開発や、新規取引先開拓、新規顧客開拓に絡んでくる、重要な問題です。

そこで、**室生犀星と吉木りさ。**この2人が、深い示唆を与えてくれます。

『抒情小曲集』の、「ふるさとは遠きにありて思ふもの」で有名な室生犀星は、よく利用していた蕎麦屋について、

「私がなじみの蕎麦屋を好きなのは、
そこがなじみの店であるからだ」

というようなことを言ったと、本で読んだ記憶があります。大学時代、この言葉を知

この項は…

- **見たことない「新企画」を売り出したい**
- **売りたい商品が斬新で役立つのに、消費者に受け入れられない**
- **コンサルタントに頼んだけど、問題が全然解決しない**

人におすすめ

ったとき、妙に納得がいった気がしたのです。

ぼくも大学に通っていたとき、毎日「キッチンオトボケ」という、いま考えれば極めて普通のとんかつ屋に通う食生活でした。なるほど、自分がオトボケに通うのは、なじみの店であるという理由だけなのか、と。

しかし、当時は、その意味にまで踏み込んで考えることはありませんでした。

その深い意味を考えることになったのは、吉木りささんと仕事をしてからでした。

ぼくは、気持ち悪いほどの調べぐせがあるので、仕事をお願いする際、吉木りささんのことを徹底的に調べたのですが、吉木りささんは以前、とある番組で**「タレントの中でもっとも美しい顔」**に選ばれたことがある、ということだったのです。

目や鼻の位置に関して「美人の黄金比」なるものが存在し、『タレント名鑑』という、タレントが列挙されている本の中で一番その黄金比に近かったのが吉木さんだというのです。

これを見たとき、ぼくは2つの事柄を思い出しました。

・入社したとき、そんなに可愛いと思っていなかった女性の先輩が、最近可愛いかもと思ってきた件

・多くの女性の顔を合成して、平均値をとった顔を作ると、とんでもない美人が生まれる件

このとき、すべてがピンときました。「美人」も、「なじみの店」も、その「魅力」の正体はすべて一緒なのではないか。

「魅力」を構成する大きな要素の1つは、「安心」だと。

これも、頭で考えればあたりまえのことなのですが、妙に腑に落ちた覚えがあります。入社したときはそうでもなかったのに最近可愛いと思い始めたのは、時間軸の中で、おそらく「見慣れた」のです。多くの女性を合成した女性の顔も、おそらく「顔の位相」という空間軸の中で、もっともよく見る場所に顔のパーツが配置された、見慣れたものだったのです。なじみの蕎麦屋も、食べ慣れた店ですから、安心できます。

人の本能の大きな構成要素が、「死に対する恐怖」です。

サバンナで肉食獣に捕食されていた時代に、確実に本能に訴えかけるこの恐怖から自由になることは、決してありません。

ですから、「安心」は何よりの魅力です。毎日食べている店の蕎麦屋は、いままで食って来て死ななかったものです。そして、時の流れの中で見慣れた「顔」は、自分に危害を及ぼさないことがわかっているわけですし、かつ、平均値に近い顔は、いま現在繁栄していて、自分の血を絶やすという血脈の死の恐怖からもっとも遠いところにある「顔」なのです。

この人間の「本能」から、目を背けてはいけません。

これは、テレビ番組においてもそう。「見慣れたもの」というのは、一定の需要がありますし、「安心」というのは、人々のニーズを構成する大きな要素であることは間違いありません。

しかし、ここで、もう一つ大切なことを述べなければなりません。

人間は、その真逆の欲求も持っているのです。
それは「好奇心」です。

これは、「安心」の対義語とさえ言ってもいい、真逆の欲求です。新しいものを見てみたい、使ったことないものを使ってみたい。新たな人と付き合いたい。

これも、ぼくの中学・高校時代を生物部で過ごした生物部魂からくる、すべてはダーウィンの進化論に基づいてサバンナまでさかのぼって人間の思考を動機づけていく「数百万年前の人類は」論法でいくと、おそらく、「好奇心」は、

・新たなエサ場を見つけなければならない
・より多くの子孫を残さなければならない

という、2つの進化論的要請から来ているのではないかと思っています。

前者を持ち合わせたDNAでなければ、獲物がいなくなったとき、つぎの獲物がいる場所へ移動できません。そうしなければ、その種族は絶滅です。

また後者は、アミノ酸がなんらかの刺激を受け、リボ核酸が遺伝子情報に基づき自己

を複製するようになって以来、生命の基本的なベクトルは「なるべく多くの自己複製」ですから、人類も本能以前のレベルとして、この自己複製欲求があります。

一夫一婦制は、生物学的要請ではなく、その後の人類社会の中での要請です。ですので、当然新たな「出会い」を求め、未知の領域へ踏み出す「好奇心」なきものは、淘汰される運命にありました。

つまり、テレビで言えば、

・「あ、なんか見たことあるな」という既視感

・「見たことない！　おもしろそうだな」と思う新規感

この両方を刺激する必要があるのです。

ここが、テレビに限らず、新企画の難しいところです。この「バランス」が、新企画を作るという場面においての「戦略」ということになります。

ですので、「見たことないおもしろいもの」のなかに、何か「安心感」を混ぜ込むことも戦略として必要です。
これは、

- 番組のコンセプト作り
- 決まりのテロップの「色彩」
- 編集のテンポ
- 曲のチョイス
- 出演者の顔ぶれ
- ナレーターのチョイス
- あるいは、そもそもそれらの有無

などなど、その他、挙げたらきりがないほど多岐にわたって、いちいちそのバランスを考慮し、**全体として「既視感」と「新規感」というベクトルのどこにコンテンツを位置づけたいのかを考える必要がある**でしょう。

そして、その戦略は常に、その瞬間の市場の動静と、ターゲット層、自分が所属する会社の規模にも左右されます。

バランスはさじ加減なのですが、あくまで「なじみ」や「既視感」を意識するという視点は必ず忘れてはいけません。**人は、「これは確か、知っているやつだ。こんな感じだったに違いない」と思ってコンテンツを消費し、「ああやはり、そうだった」と納得したい欲求にかられています。**

たとえば、『家、ついて行ってイイですか?』は、企画自体がそもそも既視感の少ないトリッキーなことをやっています。

ならば、タレントまでまったく知らない人々で番組を作ったら、「?」となる危険性を孕(はら)みます。ですから、ちゃんと見たことあるタレントを起用しようということになります。

まずこのバランスが確定したとして、あと少し「既視感」、「新規感」のどちらに寄せるか。やはりテレビ東京という、既視感のあるものとの正々堂々の勝負では、豪華さでどうしても差がついてしまうという経済規模と、すべてのザッピングの最後に「7チャンネル」（テレ東）にボタンが押されるターゲットのニーズから、ぼくは「新規感」よりの選択をしました。

すでにあるコンビの2人ではなく、ビビる大木さんと、おぎやはぎの矢作さんという、それまでには組んだことのない座組にしたのです。

「あ、見たことない座組だな。どんな科学反応が生まれるんだろう」（新規感＝好奇心を刺激）とは思いつつ、「なんだかんだテレビでよく見る2人ではあるな、おもしろいのかもな。（……観て）ああ、やっぱりおもしろかった」（既視感＝安心感を刺激）。

こういう、矛盾する双方を刺激する心理作用を狙わなければなりません。

これが、最後のさじ加減です。もちろん、笑いを作りつつも、人に寄り添うつっこみができる、という狙いを踏まえてブッキングしましたが、2人の組み合わせの「新規感」は大切な要素でした。

このように、**「新企画」や、「新番組」が難しいのは、この「既視感」と「新規感」のように、常に人間が「矛盾するニーズ」を抱え持っ**

ているからだと思います。

そこに、「より多くの人に観てもらう」＝「より多くの人に興味を持ってもらう」という目標をかかげると、もはやこの「矛盾」の落とし所は職人的感覚でしかありません。

そうでなければ、マッキンゼーの理論家やボストンコンサルティングの評論家に新規製品を作らせておけばいいのです。

しかし、少なくともテレビ番組でマッキンゼーやボスコンの天才が作った超おもしろい番組というのは聞きません。

他の業界でも、この構造は変わらないはずです。

彼らは分析はできても、新企画は作れない。

その理由は何かと、深く突き詰めると、この、

- 「人間の矛盾するニーズ」の存在
- ニーズの正体が複雑すぎて、ほぼブラックボックスであること

という点からきているのではないでしょうか。

「理論」は、事象を単純化する作業です。しかし、単純化された「理論」を羅針盤に、最後に「矛盾」をどこに漂着させるかという判断は、その業界で日々、クソルーティンワークと向き合っている「職人」の手によるほかないのだと思います。

そして、第5章の大きなテーマになっていくので、あらかじめフリを入れておきますが、この「矛盾」、人間が持つ「欲求の矛盾」こそが、クリエイティブという部分でのもっとも重要なテーマになってきます。

そして、せっかくこの項で、「文豪の行きつけの店」の話と、人間の本能に刻まれた「恐怖」の話をしたので、それに関連する手法を2つだけ説明します。

冒頭編【1秒でつかむ】⑤「懐かしさ」で惹きつける

記憶掘り起こし力

20

テレ東のいいところであり狂ってるところですが、社員がマジでなんでもやります。普段はバラエティやドキュメント・バラエティを作っているぼくですが、ドラマの監督をすることもあります。

初めてドラマを監督したのは、『文豪の食彩』という単発ドラマでした。BSジャパンで放送され、好評だったので第2弾も作られました。

これは、ぼくがとても好きだった雑誌『荷風！』の編集長・壬生篤さんによる同名タイトルのマンガ原作があり、文豪たちが愛した名店をめぐり、彼らがどういう気持ちでそれを食べたのかを探り、彼らの作品も味わおうというドラマでした。

その撮影のため、文豪が訪れた名店をたくさん、「取材」という名目のもと、ほぼ趣味で回りまくりました。

で、結論なんですが、正直、味は……。おいしいですよ？　おいしいんです。ただ、「料理の味」ただその一点をとれば、もっとおいしい店がたくさんあるのは事実です。これらの店にある真の価値は、「味」単体では評価できないのです。

この取材を通してあらためて思ったのは、「ご飯は、舌ではなく脳で味わう」ということ。人は、「味」だけでなく、そのメシ（＝シーン）に付随する「ストーリー」を味

この項は…

- ・「感情に訴えるストーリー」を作りたい
- ・「ヒストリー」を武器にしたい
- ・記憶に訴える「表現の幅」を広げたい

人におすすめ

わうのだということです。

商品に潜む、ストーリーを見抜いて、描く。まさに本書と同じテーマのドラマです。

これらの名店は、たしかに普通にはおいしいのですが、やはり芥川龍之介や太宰治、永井荷風、谷崎潤一郎といった文豪たちが通ったというストーリー、そして彼らがどういう心境でそれを食べたかというストーリーを一緒に味わうことで、真の力を発揮するのです。**記憶は最高のスパイスです。**つまり、「シーン」と「ストーリー」を結びつけることができるかどうかが勝負です。

この『文豪の食彩』においては、文豪たちが食べたというストーリーはこちらが描いて、その「店」の魅力を描いているのですが、それとはまた別次元の「シーン」と「ストーリー」の結びつきが存在します。

それは、「シーン」を、視聴者が勝手に自分の「ストーリー」と結びつけて味わうという作用です。

つまり、**そのシーンを見て「何を思い出すか」**ということです。

これは、2つあります。

①直接的記憶
②間接的類推

1つは、直接的な記憶です。

たとえば、木更津の「ホテル三日月」がとりあげられたものを見て、「あ〜、家族と行ったなぁ」とか、「別れた恋人と行ったなあ」とか思う、そういう記憶です。

これは、その先に「お父さん元気かなあ」とか、「俺と別れたあとどうしてるかな?」などの心理作用を生みます。事実、**旅番組で房総半島や箱根など人口が多い東京近郊は、ベースとして持っている視聴率が高い**と言われます。

これは、**多くの人が経験したことがある事柄に関連づけて描く、**あるいはその事柄そのものを題材にする、という手法です。

関連づける事柄は、箱根や吉野家のように「モノ」や「場所」だけではなく、「フラれた」など、共通体験の多そうな「行為」にひも付けてもいいのです。

たとえば、チョコレートをPRする際に、

フラれて泣いた夜は、もっと、「苦い」を噛み締めればいい。ビターすぎてつらい、大人の〇〇チョコレート

のようにストーリを開始すれば、「フラれた」という多くの人が持つ共通体験を思い出させることができます。

しかし、それだけでは、取材対象や表現の幅が狭すぎますし、関連づけという手法の場合、毎回そんなうまく関連が得られるわけではありません。

そこで、もう1つ武器となるのが、「間接的類推」を狙う手法です。

これは、シーンから想像される光景が、必ずしも視聴者の経験にダイレクトに結びついていなくてもいいけれど、類推される経験をうっすら思い出させる効果のことです。

先述の『ダイエットＪＡＰＡＮ』では、冒頭に空港で「おデブちゃんが泣く」シーンを放送しました。「空港でおデブちゃんが泣く」を見た経験は、ほとんどの方はないと思います。

しかし、サバンナ以来の人間の推測本能は半端ではありません。人間の脳は、まったく同じ経験でなくても、少し抽象化して同じような経験がなかったか探してくれます。

この場合なら、おデブちゃんが泣いているという直接的な現象から、「空港で泣く」という**似た経験がないか、脳が記憶を検索してくれます。**すると、たとえば「故郷から帰る際、大切な家族と空港で別れて悲しかった」という自分の経験を類推する。感情を与えます。その感情に訴えかける手法が、間接的類推です。

『吉木りさに怒られたい』は、吉木りさに毎回本気でブチ切れられますが、その怒りは、いつも愛情の裏返しであることがわかります。この関係、一見恋人を装ってますが、最も原体験として近いのは「母」だと思います。毎回、真剣に繰り出される無償の愛。

大人になると怒られなくなります。しかし本当は誰かに怒って欲しい、自分のダメなところをちゃんと指摘して欲しい。それも、愛情を持って。そんな潜在的なニーズの裏には、大人になって離れなければならない「母」への憧憬が潜んでいる気がしたのです。

ことほどさように、**どういうアイテムや場面を使って、どんな記憶を心に描かせるか。**それを考えることは、冒頭で興味をもってもらう大きな武器となります。

持続編

「裏切り」「笑い」「伏線」「疑問」「振り幅」1秒も飽きさせない「5つの神器」

――「街のベロベロおじさん」がタレントに勝つ理由

『家、ついて行ってイイですか?』という番組には、実は3つの特質があります。

①「平均視聴時間割合」が高い
（番組冒頭で観てくれた方が、最後まで観てくれる割合が高い）

②「番組録画率」が高い
（番組を繰り返し観たいと思ってくれる人が多い）

③「番組視聴質」が高い

（番組を「真剣に凝視」してくれている「人数」が多い）

①に関しては、「平均視聴時間割合」と言って、番組を見た方が平均してどれくらいの時間、番組に滞在してくれたかを示すデータなのですが、だいたい40%超と、一度番組に入ってくれたら比較的長い時間観続けてくれることを示しています。

そして②、おかげさまで「録画率」がとても高く、テレ東バラエティの中では1位。繰り返し観たいと思ってもらえるのは、作り手としてはとても嬉しいことです。

そして、③に関してです。これが近年「視聴率」を補完する指標として提案されている**「視聴質」**です。

このデータはTVISION INSIGHTS社*が、最新技術を駆使して、「専念視聴」という、「どれくらい熱心に、どのくらい多くの人がテレビを観てくれているか」を示すデータとして計測しているものです。

この視聴質は、どうやって計測するかというと、

＊元マッキンゼーの郡谷康士氏や、元メリルリンチ日本証券の河村嘉樹氏らが設立。テレビを対象としたメディアリサーチや、テレビCM・番組の効果測定分析などを行う

として、算出されます。

VI（Viewability Index）は、「テレビがついている時にテレビの前にどれぐらい人がいるか」を示す数値。数値が高いほど、テレビの前の滞在人数が多く、滞在時間が長いことを示します。

つまり、**テレビつけたまま台所行っていないかとか、同じテレビの前でも、1人で観てるのか家族4人で観てるのかなどが反映されるデータです**（従来の視聴率は、テレビがついていても、そのテレビの前に人がいるかどうかはわかりません）。

AI（Attention Index）は、さらにキモ……いや、すごい。テレビの前にいるがどういう姿勢でテレビを観ていたかの指標。数値が高いほど画面を注視していた人数が多く、注視秒数が長いことを示します。

テレビの前に人がいても、スマホ見てないか、本読んでたりしないか、寝ちゃってないか、などが、リアルに数値として反映されて

いくということです（こわ！）。

これを**1秒ごとに計測**して、番組あたりの視聴質を算出しています。

でも、そんなのどうやって計測するんだよ、という話なのですが、これがなかなかハイテクです。「最先端の人体認証技術を搭載したセンサーをテレビの上部に設置し、テレビの前にいる複数の視聴者の視線や表情を毎秒ごとに測定」（TVISION INSIGHTS社HPより）するのです。

視聴率は、テレビがついていれば、観てなくても観ていても同じ「視聴率1％」なので、ある程度ごまけたのですが、「目の動き」を、人体認証技術を搭載したセンサーで、1秒ごとに観察して視聴態度と視聴者数を計測するなんて、恐ろしい時代に突入したものです。

ともあれ、この視聴質データランキングでは、2018年の1月クール（1〜3月）で、1位『西郷どん』（1・66）、2位『イッテQ』（1・51）に続いて、3位が『家、ついて行ってイイですか？』（1・50）でした（293ページ図表）。

目の動きで、「凝視している度数」だけをはかったAIでは、バラエティ1位。

ドラマも含めた全番組でも、『西郷どん』に続いて2位でした。名だたるドラマや、豪華なタレントやセットの番組がある中で、「市井の人」をひたすら描いた番組が、全テレビ番組中もっとも「目玉が動かなかった番組2位」。そこに人数を加味し、「広さ」と「深さ」を掛け合わせた面積としても、全番組中3位。

明石家さんまより、マツコ・デラックスより、終電逃したおじさんを見ている目玉のほうが、テレビを凝視して動かなかったということです。

さて、この「視聴質」で新たに計測できるようになった**「目ん玉が動かないほど、楽しんで観てもらう技術」**こそが、この項のテーマの「持続」という観点からのストーリー作りです。

実は、狭いターゲットにだけ凝視してもらうなら、たとえば特定の趣味嗜好をターゲットにしたVTRを作れば実現できます。しかし、世代・嗜好・属性が、全部バラバラの、つまり「マス」のみなさんに目ん玉動かさず凝視してもらうストーリーを作る武器は何なのでしょうか。具体的に説明していきます。

まず、説明したいのは、「うんこ漏らす力」です。

2018年1月クール（1～3月）テレビ番組視聴質ランキング

順位	テレビ局	番組名	視聴質		
			VI値	AI値	VI値×AI値
1	NHK	西郷どん	1.35	1.23	1.66
2	日本テレビ	世界の果てまでイッテQ！	1.51	1.00	1.51
3	**テレビ東京**	**『家、ついて行ってイイですか?』**	**1.26**	**1.19**	**1.50**
4	日本テレビ	トドメの接吻	1.35	1.08	1.45
5	TBS	99.9—刑事専門弁護士—SEASON II	1.27	1.11	1.41
6	テレビ東京	出川哲朗の充電させてもらえませんか?	1.51	0.93	1.40
7	NHK	もふもふモフモフ	1.32	1.05	1.39
8	日本テレビ	嵐にしやがれ	1.39	1.00	1.39
9	日本テレビ	ザ！鉄腕！DASH！	1.56	0.89	1.39
10	日本テレビ	もみ消して冬～我が家の問題なかったことに～	1.37	1.01	1.38

21

うんこ漏らすカ

持続編【1秒も飽きさせない】① 予定調和を裏切り続ける

どうやったら番組を飽きずに観ていただけるか。

『家、ついて行ってイイですか?』において、そのキモを、具体例を用いてひと言であらわすなら、「あ、うんこ漏らしちゃった」です。


これは、実際、最近あったVTRです。

とあるがっしりとした36歳の男性について行きました。

水道施設工事業を営む社長だというその男性。

「家、ついて行ってイイですか?」と聞くと、奥さんに電話。そしてOKをくれました。

ですが、ここでテロップが入るのです。


「だが、この時スタッフは　彼が隠す秘密に気づいていなかった……」


これはまさに先ほどの「冒頭で食いつかせる技術」の1つです。「秘密がある」という謎解き目線です。「秘密はなんだろう」と推理しながら観ていきます。

その男性がコンビニに寄りたいというのでコンビニに行き、タクシーに乗ったら窓を

この項は…

- 全業種に通じる「人間の本能のニーズ」を理解したい
- それをプレゼン・営業・PRに活かしたい
- 大ヒット映画や小説が「ヒットする秘密」を知りたい

人におすすめ

開けて会話します。

ぼくは、ディレクターさんが編集してくれたこのVTRを初めて観た時、このパターンはお家に入れないNGパターンかな、と思いました。電話をかけてはいたけど、実はOKもらえていないいんじゃないかな、と。

でも、家につくと衝撃の事件が待っていたのです。

扉を開けると、美人の奥さんが待っていました。33歳だそうです。

番組の説明をすると、あっさりロケOK。

「あれ？　違った……」

ぼくがそう思った直後、奥さんの様子が突然、おかしくなりました。

旦那さんが洗面所にいった時、奥さんが旦那の服を手に持ってきて、スタッフに尋ねたのです。

「すみません、これ、いつからですか？」

ん？

この時点では、「まさか女性遊びとか不倫か？　その証拠に、洋服に香水か何かの匂いでもついていたのかな」などと思ったのですが、次に奥さんから衝撃の言葉が……。

「あの人、うんこ漏らしてる……」

えっ？？

えーーーーー？？

前代未聞です。

いい大人が、カメラの前でうんこ漏らしてる？

ウソでしょ？

あわてて、洗面所のほうにディレクターがダッシュ。

すると、男性が、うんこのついたズボンを洗濯機に入れて証拠隠滅しようとしているではありませんか。

うんこのついた服を、直接洗濯機に入れるなんて……。

聞けば、カメラに出会った瞬間から、すでにうんこが漏れていたと言います。
そこで、編集上では、**そこから、過去を検証する構成**にしました。
よく見ると、妙にコンビニに行きたがっています。
トイレを借りたかったのだそうです。
さらによく見ると、移動中のタクシーの窓が開いています。
うんこの匂いを少しでもごまかそうとしたそうです。
よく見ると、靴には茶色いシミが……。
うんこです。

以上を、がっつりオンエアさせていただきました。
これが、ぼくが思う、1秒も飽きずに継続して番組を観てもらうために必要なこと。
ひと言でいうと、**「裏切り力」**です。

まさか、ですよ。大の大人がテレビの前でうんこ漏らすなんて思わないんです。
まさか、ですよ。そのズボン、こっそり洗濯機に入れてるなんて思わないんです。

まさか、ですよ。しかもそれが出会った時から漏らしてたなんて思わないんです。

まさか、ですよ。これが一番衝撃的だったのですが、最後ディレクターが「これオンエアしても大丈夫ですか」と聞くと、夫も奥さんもOKだっていうんですよ。

でも、ですね。ここから、番組を観てもらった視聴者のみなさんに味わっていただける、さらなる裏切りがもう1つあるんです。

この夫婦、とにかく、見ていて、好きになるんです。

本当に懐が深くて、もう気持ちいい夫婦でした。うんこ漏らして笑ってるんですから。これ、心の底から、その夫婦が羨ましかったです。そして、このご主人、相当自分に自信あるんだろうな、と嫉妬さえしました。

結果、うんこ漏らしてるのに、この夫婦の好感度が上がるんですよ。

もし、『家、ついて行ってイイですか?』が、明石家さんまさんよりマツコ・デラックスさんより、さまざまな世代・嗜好・属性のみなさんから「目が離せない」という結果をいただけているのだとしたら、それは、この「裏切り力」にあると思います。

「常に視聴者の想像を裏切り続ける力」です。

実は、この「裏切り力」が、ストーリー作りにおいて受け手を引き込む上で、もっとも重要な技術の1つです。

人間は、結果を推測してそれが正しかったどうかを検証するトライアル＆エラーを本能的に行っている生物であると述べました。

そして、**ストーリーの中で推測して「正解」していくことに自己肯定という「正」の感情を持つとともに、予想を裏切る「不正解」にも「新たな知見を得た」という「正」の感情を持つ**のです。

このバランスを、視聴者がウザいと感じない比率で配分することが大切なのですが、そのさじ加減はまさに職人技ですし、そのバランスこそがコンテンツの個性にもつながります。

その「職人技」をどうやって修得すればいいかということは、まさに前章で述べたように、「常に視聴者の気持ちを意識する技術」で培われます。

ぼくは、歴史番組を長くやってきた経験がありますが、**歴史番組の中で、もっとも視聴率を持っているのが、「本能寺の変」**です。

もはや「本能寺の変」はコスられすぎて「裏切り」が予測できてしまうのに、ワクワクする。もはや「裏切り待ち」。

「明智光秀、早く！」という1周も2周も回った構造ですが、やはり**人間は本能的に「本能寺の変」、つまり裏切りが好き**なのでしょう。

では、この「裏切り」をどうやってストーリーの中に作っていくのか。

実は、フィクションの世界では、この「裏切り」は古くから意識され、視聴者・読者をひきつける技法として意識的に多用されています。サスペンスドラマもそうでしょうし、ミステリー小説なんてわかりやすくそうです。

というか、フィクションのほぼすべては、どう視聴者・読者の想像を「裏切る」か。あるいは、さらにその一枚上手をいって、「裏切ると思わせて、裏切らない」という「裏切り」をみせるか。その連続だといっても過言ではありません。

その技法を学ぶ上で最近もっとも解りやすかったのが、ディズニー映画の**『ズートピア』**です。

草食動物と肉食動物が一緒に暮らす世界で、草食動物という非力な立場ながら警察官になったウサギが、そのハンデに負けずに頑張る。そして、肉食動物ばかりが次々消えていくという事件が発生し、その解決に挑むストーリーなのですが、この映画は、本当にすごいです。フィクションにおけるストーリー作りの教科書のような作品です。

何がすごいのか。裏切りが発生するテンポが凄まじく早いのです。YouTubeなど、短尺の動画になれた若年世代でも飽きない、強烈なテンポでの裏切りの連続です。あまりに「裏切る技法」が露骨なのですが、露骨とわかっていても人々を「ストーリー」に引き込ませるすごさがあります。

このテンポの速さは現代的かもしれませんが、フィクションの世界では、こうした「裏切り」を作りだすために、意図的に視聴者・読者に「ミスリード」を与えるという手法をとります。真犯人をあたかも善人かのように描いたり、あるいは、犯人ではない人物にあえて犯人かもと思わせるささやかな描写を少しずつ与えたりする技法です。

これは、**「燻製ニシンの虚偽」**という古典的な技法です。

燻製ニシンとは、英語の「レッド・ヘリング」の訳。猟犬の鼻を鍛える際、その燻製ニシンの強烈な匂いで、キツネなど本来の獲物の匂いをあえて紛らわせてわからなくし、その中から本物の匂いを嗅ぎ分けさせる訓練があるという逸話から、「レッド・ヘリング」という言葉は、慣用表現としてミスリードという意味で使われます。

しかし、フィクションならば、この「燻製の虚偽」は、「裏切り力」の1つとして多用してもいいと思いますが、ノンフィクションにおいては、その用途は限定されるべきだと思います。**意図的すぎる「燻製ニシンの虚偽」は、ノンフィクションの根本的な魅力である「リアリティ」を損なう**からです。

どういう場合にだけ「燻製ニシンの虚偽」がリアリティを損なわないか。それは、取材時に取材者が実際に体感したミスリードを編集で尊重する、という場合です。

でも、それだけじゃ「奇跡待ち」になってしまいます。「奇跡待ち」とは、なにも頭を働かせず、何か起きるんじゃないかと、根拠なく期待するポンコツ演出を揶揄する業界用語です。

「奇跡」は「待つ」のではなく「起こす」。これが、ノンフィクション・ストーリーテリングのキモ。これができずに待つだけなら、そんなもん誰が撮ったって同じです。それこそAI（人工知能）にやらせればいい話です。

フィクションでは、これが突き詰められているにもかかわらず、ノンフィクションに関しては、この視点に無頓着なことが多い。

なぜなら、あまりに「演出」というものに対する根本的・本質的な、突き詰めた洞察が不足し、**「仕掛け」といえば、「ヤラセ」というイメージしか思い浮かばない作り手も多い**からです。

だからこそ、チャンスです。

リアルな世界の中に「裏切り」を発見する技法を、新たに発見すればいいだけなのです。そして、それを見つけられれば、「見たことないおもしろさ」を持ち合わせながら、かつ本能的な「裏切りニーズ」に訴求する、大きな武器になります。

『家、ついて行ってイイですか?』を立ち上げた際、はじめは試行錯誤でした。どうしたら、人々が「見てよかった」と思える「裏切り」を、より多く描けるか。

それはひと言でいえば、逆説的な禅問答のようですが、**「徹底的なリアル」を描こうとする姿勢こそ、「想像のリアル」を超越する**ということです。

「リアル」をとことん磨く、ということです。

その技術は、次の3つの要素に分解できます。

(1)偶然をもっとも大切にする
(2)カメラは止めない!
(3)「外づら」と「内づら」

(1)に関して、「偶然」は「裏切り」の神です。

ですから、現場で起こった「偶然」をもっとも大切にするべきです。

10月のある日、とある男性の家について行ったら、妻がデーモン小暮の顔をしていました(近く行われるハロウィーンの練習だそうです)。

終電後の街で、とあるおばさんに話しかけたら、「家出中」であるというのです(一緒について行って、仲直りしました)。

そして、うんこ漏らした男性。

あくまで、「こうしなきゃいけない」というすべての枷を外して、現場で起こった偶然を楽しむという姿勢です。

ただし、「偶然」を奇跡的に待つのではありません。

「終電後という時間設定」や、「酔っている人」という設定、その場でついて行くという「手段の設定」など、その**偶然が生まれやすくする設定は何かと考える。**

それが、まずは「裏切り力」強化への第一歩です。

そして、そのために(2)。まさに「カメラを止めるな!」です。

『世界ナゼそこに?日本人』という番組のディレクター時代、ソロモン諸島という場所でロケをしていた時のことです。市場に街の雰囲気を撮影しに行きました。

ソロモン諸島はまだ発展途上でしたので、途上国特有の「雑多で熱気のある感じが撮れればいいな」くらいに思っていました。その時、ラリったおじさんからヤシの実を投げつけられ、思わずカメラを下に向け、驚きのあまり録画を止めてしまったのです。

一瞬「雑然とした雰囲気は撮れたかな」と思ったのですが、本当にあさはかでした。そのあとに、市場にいた多くの群衆が、ヤシの実を投げた人に一斉にブーイング。日本人であるぼくらを守ってくれたのです。

恥ずかしさでいっぱいでした。「途上国の雑然さ」が魅力なんて決めつけていたこともそうですし、それを覆すソロモン諸島に真の魅力が現れた瞬間にカメラを止めていたのですから。

市場にやばい奴がいたということではなく、そんなやばい人から日本人である自分たちを守ってくれようとした大勢の人たちがいたこと。これこそ、「ソロモン諸島」の真の魅力を示す「本質」だったからです。

このシーンが撮れなかったことに強い後悔を覚えました。それ以降、「偶然」という奇跡を撮影するためには、なるべくカメラを止めないというルールを徹底しています。

『家、ついて行ってイイですか？』でも、これにより数々の「偶然」による「裏切り」がいくつも発生しています。夜中にオタクに伺うと、軽食や飲み物をすすめてくださる方も多いのですが、そんな時も、カメラをかたわらに置いて、まわしておく。

すると、ゴーヤーチャンプルーをふるまってくれたとある奥さんが、そのふとした瞬間に、**「実はもう旦那、数十日帰ってきてないいんだよね」**とつぶやきました。**それまで、「旦那は、今日は仕事で遅い」と言っていた**にもかかわらずです。

このように、「偶然」による「裏切り」は、それを「絶対に逃さない」という強い意志がなければ撮影できません。

これは、日常会話でも、文字の取材でも、すべてにおいてあてはまります。「カメラ」を「注意力を持って観察する」という言葉に置き換えてみてください。

たとえば、自社の製品をPRするために、それが生まれた「誕生秘話」を描くことになり、工場の人に取材に行くとします。「取材しにきました」なんていって構えたインタビューの中で語られる言葉だけで魅力の本質が描けると思ったら大間違いです。**工場の中を移動している最中の些細な会話、飲み物を取りに行った冷蔵庫の中、あるいはプライベートの家庭の話をしていた雑談タイム。**そこにこそ、その人の人間性や、物事の考え方のヒントが潜んでいるかもしれません。

「カメラを止めるな!」は、映像以外の業界なら**「注意深く観察することを止めるな!」**という言葉に置き換えられると思います。

そして、最後に3つ目。これこそが『家、ついて行ってイイですか?』が描くストーリー作りの根本技法かもしれません。

・人の「外づら」と「内づら」という二面性の存在を強く意識する
・そして**「内づら」をとことん、描こうとする**
・そのために「とある秘策」を持つ（☆1）
・そしてその「とある秘策」のために、もう1つの「とある秘策」を持つ（☆2）

テレビを観ていて思うんですが、ただ意見を聞くだけの街頭インタビューなんて本当は何の意味もないです。そんなものよそ行きに着飾った「外づら」の意見なのですから。

人間には、必ず「外づら」と「内づら」があります。外でオーダーメイドのスーツきたダンディなおじさんだって、家では短パンでケツ掻きながら寝っ転がってテレビ観てるんです。

そして、これこそが、この項で説明すべき、「ノンフィクション」におけるリアリティを損なわずに、しかし奇跡待ちに頼らずに「裏切り力」を高めるための技術です。

人間の「外づらと内づらとの差」は、「裏切り」そのものです。もちろん、「外」と「内」の差が意外にヤバいパターンも、意外にいいやつパターンも両方あるでしょう。

一見イケイケなお兄さんが、家について行ったら、家で超恐妻家というパターンもありました。終電後、渋谷で遊んでいたクラブ帰りのイケイケなギャルが、家について行ったらアロマセラピストを目指していて、その理由が、実は鼻のガンを手術して現在まだ闘病中。それに負けたくないから、あえて手術で弱まった嗅覚の分野で資格取得を目指している、などということもありました。

「いい」「ヤバい」といった意外のベクトルも、それが「ミクロ」なことか「マクロ」なことかといったスケールもさまざまですが、確実に「外づら」と「内づら」には差があり、その「外づら」と「内づら」の差はどんな人にでもあります。このことを徹底的に認識し、その差を描くことが、ノンフィクションにおける「裏切り力」の1つなのです。

しかし、「意外にいいやつパターン」ならいいですが、その逆の場合の「内づら」の吐露は、なかなかためらうかもしれません。

だからこそ、「とある秘策」（☆1）があるのです。

それは、**どんな「内づら」でも、その中にひそむ魅力とは何かを真剣に問うて、描こうと努力する**こと。

決して「良いことだけ」を描くとか、無理やり褒めごろすとか、マイナスなものに目をつぶるとか、ということではありません。

人々が気づかない、そしてひょっとしたら本人でさえ気づいていない、その人の魅力とはなんなのかを徹底的に「見出そう」とすることです。

ぼくは、これこそが「演出」の根本であると思っています。そして、この根本に忠実であれば、そこに**取材対象者との信頼関係が生まれます。**

だからこそ、恥ずかしい「内づら」もさらけだしてくれるようになるのだと思います。うんこ漏らしても、それを撮影させてくれるのだと思います。

徹底的に「相手の魅力」を引き出そうとする。そして、その結果、人間なら誰しもが持つ「内づら」に迫らせてもらう。そうすることで、「ノンフィクション」というジャンルで、「裏切り力」を高めることができるのです。

それこそが、見たことないものを1秒も飽きさせずに観てもらうために、番組が努力している点です。

そして、その「とある秘策」(☆1)であった、「一見ネガティブかもしれない内づらでも、その魅力を徹底的に探る」ための、さらにもう1つ「とある秘策」(☆2)があるのですが、それはとても大切なことなので、後ほど詳述します。

22
「笑い」を作る力

持続編【1秒も飽きさせない】② 「難しい」を「楽しい」に変える13の技術

「難しさ」を「笑い」というオブラートに包み、「興味を持てる方の層を広げる」、「入口に入りやすくする」。

「ドキュメント・バラエティ」の手法を用いる一番のメリットはこれです。

笑いは、良薬の「苦さ」を包む太田胃散のペラペラのオブラートのようなもの。

どうしても人間かっこつけたがりですから、格式にこだわりたくなるのもわかるんですが、**そんなもんクソ食らえです。観てもらってなんぼ**です。

伝えたい内容を数値で100として、入り口1／10しか観てもらわなければ、伝えたいことの「伝わり度」は100×1／10で10。バラエティにして格式下がって描く内容のレベルは半分になったとしても、最後まで観てもらえれば、伝わり度は50×1で50です。

さらに、それを視聴者数も考慮に入れた場合、前者が視聴率1％だとしたら、「影響力」は10×1で10、後者が視聴率7％だとしたら、「影響力」は50×7で350。

10と350。もう、圧倒的な差になってきます。

これが笑いを駆使するメリットです。

では、ここで笑いを作る技術を紹介しましょう！

この項は…

- PR・営業・コンテンツの「間口」を広げたい
- メッセージが「熱すぎる」「正論」「難しい」ために伝わりにくい
- 明るい家庭を築きたい

人におすすめ

……と、言いたいところなんですが、これがすでに失敗です。まさに、いまから述べる笑いを作る1つめの技術、「ハードルを下げる」に関わってくるのです。

笑いが起こる1つのシチュエーションに「意外性」があります。これは、笑いというものが、人類がサバンナで……ウザいのでそろそろやめますが、人類がサバンナでわけのわからない恐怖に直面した時（＝想定外なシチュエーションに遭遇した時）、緊張を和らげるためのものであったからでしょう。

「おもしろいことが起こりますよ！」という空気を出してしまうと、その「意外性」が出現しても、「あたりまえだ」となって、意外にならない。つまり、スベるのです。

でも、そのように、サバンナ的トラウマからDNAに刻まれた欲求だからこそ、さきほど「エロ」と「メシ」が無条件に興味が持てる「本能的ニーズ」があるものだと述べましたが、その2つにもう1つ加えるとすれば、それは「笑い」であると言って差し支えないほど人々の興味を引くパワーを持っているのです。

それでは、この「意外性」を意識しながら、ぼくがテレビで一応「笑い」とも向き合ってきた経験から、言語化が可能な「笑いの技術」のうち、映像以外の分野でも応用できそうな「笑いを生み出す方法」を列挙し、簡単に解説していきます。

ただ、本当にお笑い好きの人は、ここから先を読むのを注意してください。これを読むと、笑いを「作る」のには寄与しますが、今後の人生でお笑いを「楽しむ」際に、ちょっと弊害になるかもしれません。カラクリを知ってしまうと、さきほどいったように、「おもしろいことを起こそうとしている空気」に、より敏感になってしまい、お笑いを観る時、サメてしまう可能性があるので……読み飛ばしてください。

笑いを作る13の方法

①ハードルを下げる　②落差創出力（上下の差）
③逆にフる（左右の差）　④「逆にフる」の逆にフる
⑤離脱（スルー）　⑥のっかる　⑦天丼
⑧いじる　⑨自虐（自分をいじる）　⑩ボケる
⑪パロディ（モノマネ）　⑫禁断　⑬シュール

① ハードルを下げる

これは、笑いを作り出すための「空気作り」です。まず大切なのは「おもしろいことが起きますよ！」とフリすぎないことです。これをすると、警戒され笑えなくなるということを述べました。

ただ、注意が必要なのは、あまりハードルが下がりすぎても笑えない、というジレンマがあります。「笑えなさそうだ」と思うと、急につまらない気分になってしまいます。

「ハードルは上がりきっていないのだけど、ひょっとしたらなんか起こるかもしれない淡い予感」

これが、もっとも王道なベースの空気作りになると思います。

この感覚を磨くためには、数回でいいので、芸人さんの「お笑いライブ」に行くと、非常に肌感覚でわかるかもしれません。しかも、まだ駆け出しの若手の方と、売れているベテランの方のライブに行き、頭の空気の作り方がどう違うのかを研究してみるといいと思います。

もし、さすがにライブに行く時間はない場合は、『キングオブコント』や『ゴッドタン』といったバラエティを見て自分なりに研究するのもいいかと思います。

また、芸人さん以外に、演出家が「笑い」を作り出している映像コンテンツもたくさんあります。「コメディ映画」でもいいですし、テレビのバラエティでもいいです。ぜひ、ちょっと意識して「意図的に」観てみてください。ライブほどではなくても、「笑い」を生み出す「空気」とは何かが、肌感覚で理解できると思います。

ちなみに、ハードルを下げ切って作った番組の1つに『カメラ置いとくんで、一言どうぞ』という番組がありました。

街中にカメラを放置しておいて、「どうぞご自由に言いたいことをおっしゃってください」というメモをつけて、勝手にカメラに向かってしゃべってもらう番組です。

これも、「カメラワーク」を捨てるという引き算で、まったくカメラが動かない。それどころか、その場にディレクターさえいない、バラエティのキモである「ロケでの演出」を一部放棄する、ぼくの番組の中ではもっとも「ハードル下げ切った」番組でした。

ロケ現場での「演出」を放棄した結果、カメラを覗き込む人が現れると、いい感じに何か起きそうな空気も生まれ、**いざそこでしゃべる人物がいると、そんなにおもしろいことでなくても、おもしろく感じました。**

これも、「ハードルを下げる」ことの効果だと思います。

ただ、はじめはこちらからほぼ何もできないので、あまりに撮れ高に苦戦し、コスパは最低でした……。

②　落差創出力（上下の差）

笑いの世界では、笑いが生まれる瞬間を作ることを「オチ」をつけると言いますが、これがまさにそれです。

笑いの構造は「意外性」にある、と述べましたが、その「意外性」の1つが、高いところから、低いところへ落ちるイメージ。落差を創出して「オチ」を作る技術です。

たとえば、

友人「奥さんとの結婚記念日、どこに行ったの？」
自分「いやあ、もうね、気合いれましたよ」
友人「え？　どこどこ？」
自分「恵比寿ですよ」
友人「おお！　いいね！　すごそう！」
自分「でしょ？　ドレスコードあり、フルコースでひとり2万円ですよ。
満を持してでしょ、もう」
友人「さすがだわ。どうだった？」
自分「クソまずかったわ」
友人「え？」

という構造です。「さぞ、おしゃれで高そうで、おいしそうだな」と思わせておいて、いきなり「まずい」と、落とすパターンです。

もっと、短くても可能です。

自分「昨日、見たことないくらいの絶世の美女とキスしたわー！」
友人「どうだった？」
自分「めっちゃ、口くさかった」

という感じです。これは、笑いの基本構造と言えます。

この「高低」の落差構造、もちろん「上から下」のほうが比較的笑いを取りやすいですが、逆も可能です。

友人「今日の昼飯、どこに行ったの？」
自分「牛丼」
友人「ああ、もうなんか食い飽きたよね」
自分「は？　最高だろ？」

友人「え?」
自分「お前人間?」
友人「……いやいや、だっていつも食って……」
自分「浅はかだな、お前……牛丼まずいなんて非国民だわ」
友人「非国民?」
自分「いや、もはや、非国民ですらないわ。非・地球人だわ」
友人「ちょっと待てい!」

という感じです。
引力はやはり、上下のほうがありますので、この「下から上へ」は、さかのぼるかのような力技がやや必要なのですが、この構造で笑いを描くことも可能です。

③ 逆にフる(左右の差)

「高低」の「オチ」に比べて、「左右」のイメージが近い技術に「逆フリ」というものがあります。

「高低」が、「フリ」の「高」にあるポジティブなイメージと「オチ」の「低」にあるネガティブなイメージを利用しているのに対し、この手法は「左右」に、そういったポジティブ・ネガティブなイメージを抱かないパターンです。

たとえば、

自分「ちょっと、映画の話をさせてよ」

友人「なに。いいよ」

自分「どうしても、みたい映画があったんです。

『若おかみは小学生！』っていうアニメ」

友人「え？　どうして？」

自分「友達が超すすめてくるんだよ。

そいつ、マンガおたくで、そいつの勧めるアニメ、

いつも、まず間違いないんですよ」

友人「へぇ～！　そりゃみたいじゃん」

自分「さらに、監督が高坂希太郎。
ジブリで『耳をすませば』とか『もののけ姫』とかの
作画監督やってた人なんだよ」
友人「へ～そりゃいいじゃん。『耳すま』、よかったしな～」
自分「ほんと、俺の青春そのものだよ！
初恋の人、マジで雫だよ」
友人「へぇ～、で、どうだったの？『若おかみは小学生！』」
自分「いや、行かなかったわ」
友人「え？」

というパターンです。

これは、さんざん「行ったに決まってる」という方向にミスリードさせていき、一気に、真逆にフるパターンです。

ですが、さっきみたいに、「ポジティブ・ネガティブ」の差はありません。

だから、その「高低」の引力を使えない分、「上下」よりしっかり逆の方向にフっておく必要があります。直感的なイメージにたとえるなら、バネです。

逆にフればフるほど、そのフっていた力を解放したとき、真逆への振れ幅が大きい。

そんなイメージです。

④「逆にフる」の逆にフる

これは、少し高等技術になります。

これは、②と③を踏まえた上で、その逆にフる方法です。

踏まえるというのは、ストーリーの前段でその技法を一度使っておく、もしくはその技法が繰り出されるオーラを少し過剰に出しておいて、あえてその逆にフる方法です。

友人「奥さんとの結婚記念日、どこに行ったの?」

自分「いやあ、もうね、気合いれましたよ」

友人「え？　どこどこ？」

自分「恵比寿ですよ」

友人「おお！　いいね！　すごそう！」

自分「でしょ？　ドレスコードあり、フルコースでひとり2万円ですよ。満を持してでしょ、もう」

友人「さすがだわ」

自分「だろ、最高なんだよ。文句のつけどころないのよ」

友人「うん」

自分「立地よし、雰囲気よし、味良し、サービスよし、文句のつけどころなくて悔しいじゃん。だからトイレじろじろ見てさすがに店員に言ってやったんだよ……」

友人「なんて？」

自分「トイレも完璧です。生まれてすみませんって」

友人「え？」

という感じです。やや応用技術なので、機会があれば使ってみてください。

⑤ 離脱（スルー）

自分「これは相撲でいえば、肩透かしのような技法なんだ」

友人「肩透かし？」

自分「うん、肩透かし」

友人「きみは、相撲が好きなの？」

自分「うん。大好きなんだよ。

ほんとに、相撲が好きすぎて両国に住んでいる位なんだ。

両国場所は、なるべく行くようにしてるし、

それだけじゃなくて巡業が好きでね。

巡業の時だけやる、初切(しょっきり)！

禁じ手をわからせるためにやる、コント相撲なんだけど、

力士がラリアットしたり、

スリッパで相手をぶったたたいたりするんだよ！
いや〜、最高だわ」

友人「そう、奇遇だね。実は僕も大の相撲好きなんだ。
千秋楽終わりのパーティー行くのが好きなんだ！
千秋楽終わりの、部屋ごとの打ち上げって、
ファンも参加できるんだよ、知ってた？」

自分「へぇ。そう。
で、そろそろ⑥の話なんだけど……」

これが、「離脱」です。

「語り手」の熱量が異常に高い時などに、このようにスカして笑いをとることができます。

これは、たとえば、自分で文章を書いている場合、どんどん熱くなりすぎた文章にしていって、自分に対してどこかでスカす、という風にも使えます。

また相手がいる場合に使うのが王道ですが、「ノンフィクション」という形態の中で

使う場合には、相手に対する「愛」がないと、失礼な態度になります。

その信頼関係と間合いは、絶妙に気をつける必要があります。

ちなみに、映像で表現する場合、取材対象者がなんか変なことを言ったあと、2〜3秒「?」と思わせる「間」をおいて、そのシーンをバツっと終了する（カットアウトする）という手法がありますが、これもその類です。

この「離脱」は、どうしても、**普通ではおもしろいコメントが取れなかった時などに、強制的にオチをつける手法**としても使われます。

⑥ のっかる

これは、⑤の真逆。

「いやいや」というところで、あえて否定せず肯定するという技術です。

たとえば、

上司「みなさん、

これが私が誇る優秀な部下のAくんです。
Aくん、一言挨拶を」

部下　「……（ためらいながら）
あ、ほんとすみません。
優秀な部下の、Aと申します〜〜」

という構造です。
「いやいや、優秀だなんて、そんな」と謙遜するところで、あえて乗っかっています。
この時のポイントは、

部下　「……（ためらいながら）
あ、ほんとすみません。
優秀な部下の、Aと申します〜〜」

この傍線を引いた2箇所です。

あくまで、謙遜した雰囲気を出しながらのっかることです。

つまり、**否定しそうな空気だけは出しておく**のです。

これは、③の逆フリの手法の、空気への応用でもあります。また、**本当にウザく感じないように可愛げを感じさせる**という効果もあります。

このように、笑いをとる技術を駆使する時は、その技術が生み出す、マイナス作用が何かをしっかり分析し、その作用を打ち消す演技なり、文章なり、映像表現を併用しなければなりません。

これは、⑥だけでなく、すべての笑いをとる技術に共通して言えることです。

⑦ 天丼

これは、同じ言葉を何回も繰り返すという手法です。

友人「○○ちゃん、
こんどご飯でも行こうよ！　どんな店がいい？」
自分「うーん、asap、アズ・スーン・アズ・ポシップルだね」
友人「（笑）なにそれ！」
自分「出されるのが、遅い店ってほんとイライラすんだよね〜」
友人「なにそれ、男子みたい（笑）
○○ちゃんて、どんな子がタイプなの？
彼氏に求める条件って？」
自分「うーん、そうね……
アズ・スーン・アズ・ポッシブルだね」
友人「え？」

という感じです。

会話や文章の流れで、以前に出てきたキーワード的な、少し違和感のある言葉を、要所要所で繰り返す、という手法です。このパターンは、自分で天丼しましたが、他人でも大丈夫です。

先生「はい、じゃあ、こないだ修学旅行で行った、新宿と原宿の印象を
みんなに教えてもらおうかな？
Aくん、どうだった？」

A「なんか、新宿は高層ビルが多くて、
まるで映画の世界に迷い込んだみたいでした。
でも、原宿はカラフルで可愛くて、
まるで絵本に迷い込んだみたいでした！」

先生「なるほどね～。さすがAくん、国語学年一番なだけあるね～」

B「いぇ～、さすがA～！　東大目指してるだけある～」

先生「（笑）
じゃあ、Bくんはどうだった？」

B「そうですね～、新宿は近代的で、原宿はカラフルで……
一言でいえば、

新宿は映画の世界に迷い込んだ感じ、原宿は絵本の世界に迷い込んだっていう感じですかね？」

先生「……さすが、Bくん、芸人目指してるだけのことはあるね」

という感じです。

天丼は、印象的だった他人の言葉を繰り返すことでも可能です。

その時のポイントは、ややその言葉自体をいじりっけを持って使用すると、うまく行きやすいということです。

では、「いじりっけ」とは、なんなのか。

次はそれをご紹介しましょう。

⑧ いじる

「いじる」は、バラエティ番組でもっとも多く使用される技法の1つといっていいと思います。他人のスキのある部分を、ややいじわるな目線でいじる手法です。

いまのテレビ業界で、もっとも支持されているバラエティの名手・藤井健太郎さんの著書に『悪意とこだわりの演出術』という本がありますが、テレビのバラエティの世界では、この「悪意」が時に笑いを生み出す技法として用いられます。

たとえば、

自分「そういえば、どこ出身なの？」
友人「埼玉だよ！」
自分「お、いいねえ！」
友人「いいか？」
自分「うん。ネギうまいでしょ」
友人「いやいや、深谷だけでしょ」
自分「それに、高速あるでしょ」
友人「いやいや、高速くらいどこにでもあるでしょ」
自分「あと、古墳あるじゃん」
友人「だから、どうした！」

という感じでしょうか。

たとえば、インタビュー中、社会の窓が開いている男性がいたら、さりげなく1カットそれを入れるというような、ちょっとした「いじわる」です。

しかし、この「いじり」は、かなり注意を要します。絶対に次の3つが必要です。

(1) いじる対象への愛
(2) いじる対象との信頼関係
(3) その表現を見せる受け手（テレビなら視聴者）との信頼関係

この3つの条件が揃わない「いじり」は、「いじめ」でしかなく、受け手にとって不快な表現手法です。

とくに(2)は相手が思うことですから、なかなか本当に喜んでいるのか、見極めるのが難しい。ですから、この「いじり」は慎重さを要します。

権力者や、強者はそれでも比較的いじりやすいですが、特に相手が「弱者」である場合は、ことさら(2)が本心かどうか見極めなければなりません。

⑨ 自虐（自分をいじる）

他方、この「いじり」を、自分に向けたのが「自虐」です。これは、自分で自分のことをいじるだけなので、人を傷つける可能性は、⑧に比べ格段に低くなります。

「銀河系一ザコなテレビ東京」という表現もまさに自虐の一種ですが、この手法が、笑いをとる手段としてもっとも根付いているのは、漫画ではないでしょうか。

『僕の小規模な生活』で知られる福満しげゆきさんや、『かってに改蔵』などで知られる久米田康治さんの自虐芸は、もはや伝統芸能の域です。

ただ、この自虐も、ストーリー作りにおいてあまりに多用すると、言い訳がましさが笑えなくなってきます。

あくまで、**冒頭や、途中で忘れた頃にちょこちょこ用いるくらい**にしておくのが賢明だと思います。

⑩ ボケる

これは、急に予想外の行動に出ること全般をさします。実は②〜⑥も、ボケの一種ですが、それ以外でも、「急な予想外」は笑いを作る武器になるということです。

いわゆる「ボケ」と「つっこみ」の構造で広く知られていますが、映像でもこの「ボケ」の手法は多用されます。

たとえば、『吉木りさに怒られたい』は、映像がすべて主観映像（カメラが、視聴者の目線のようになっている映像）なのですが、真剣に女性（吉木さん）が、生活態度のクズさにブチ切れてこちらに説教をかましている最中に、カメラは下にｐａｎしていき、ずっと脚を写している、というような具合です。

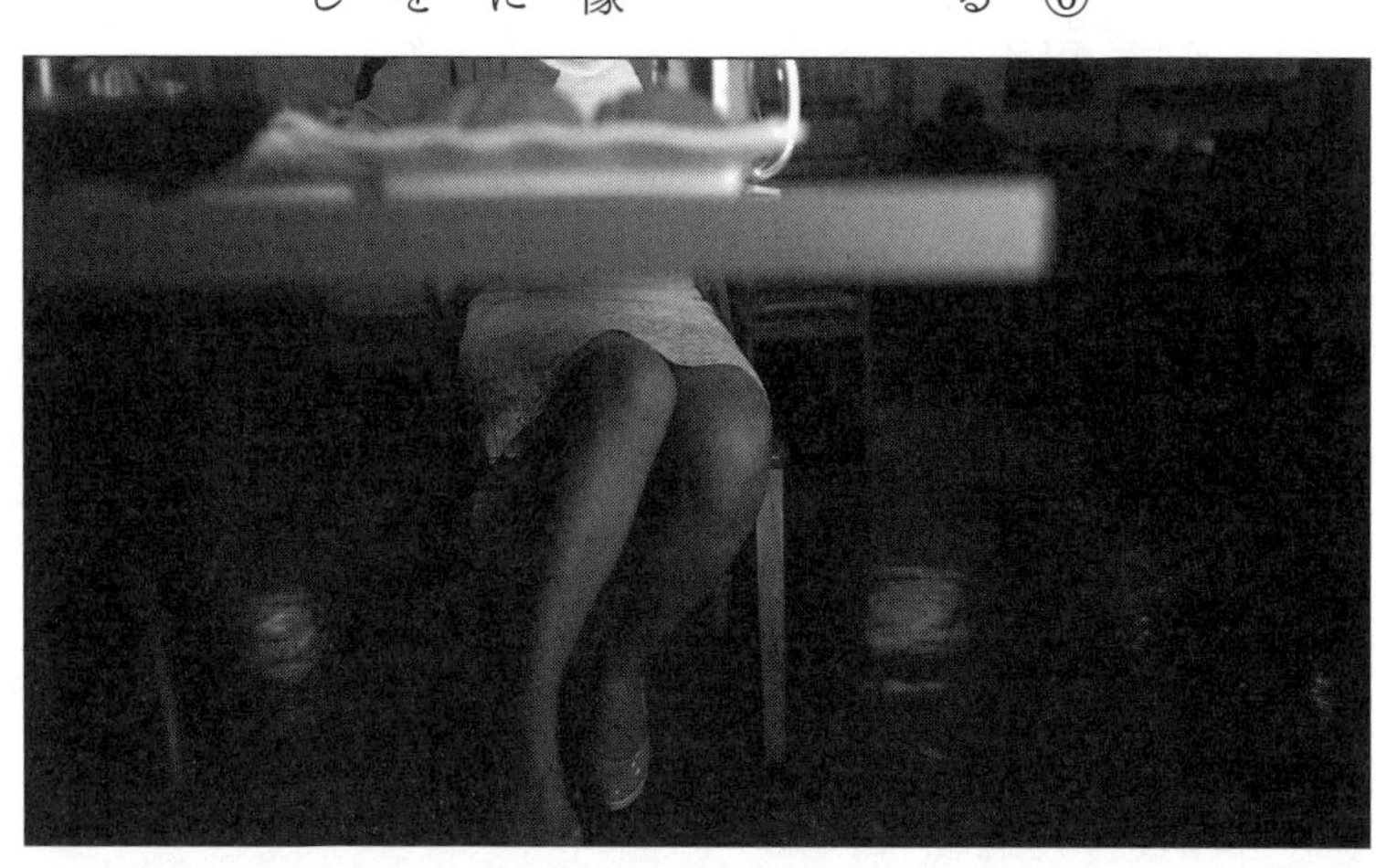

⑪ パロディ（モノマネ）

テレビや文章でも、よく用いられる手法です。

何か、有名なもののフォーマットを使いながら、異なる内容を表現する技法です。

テレビなら、『情熱大陸』や、『プロフェッショナル 仕事の流儀』、『大改造!!劇的ビフォーアフター』など、長年続いていたり、フォーマットが印象的なものがよくパロディされます。

このパロディ、メジャーな手法ですが、いくつか押さえるべき大切なポイントがあります。

(1) パロディ元は、『受け手』の集団に、有名なものを選ぶ

(2) ディテールが命

(3) ハマらないパロディは寒い

(4)本家に対する愛があるべき
(5)権利関係に注意

(1)は、いくら自分が好きでも、「受け手」が知らなければスベるだけです。ですから、**受け手の性質を想像することが、パロディ成功のキモ**だということです。

六本木の長いトンネルを抜けるとテレビ朝日であった。

これは、たぶんどんな客層に対しても、たいていの場合OKです。
元ネタの川端康成『雪国』の書き出しはとても有名です。

では、

まことに小さなテレビ局が無理をしている。小さなといえば、平成晩年のテレビ東京ほど小さなテレビ局はなかったであろう。

はどうでしょう。

おそらく、書籍ならOK。ゴールデンタイムのテレビならスベる可能性があるのではないでしょうか。

司馬遼太郎の『坂の上の雲』は、とてつもない名作ですが、ゴールデンタイムにたくさん観ている中高生にとってはどうでしょう。『雪国』の冒頭ほどは、『坂の上の雲』の冒頭の名文は知られていないでしょう。

書籍ならOKと書きましたが、ひょっとしたら書籍なら、『雪国』よりウケる可能性もあります。パロディの類は、ゴールデンのテレビなら、誰でもわかるものが安全ではありますが、それ以外の**深夜番組や、書籍、ネット記事などの分野では、受け手の範囲の人たちだけがわかる、やや「内輪」感のあるストライクが最もささる**という特性もあります。

なので、パロディを繰り出す際は、受け手の集団をしっかり想像することが大切なのです。

そして(2)。

六本木の長いトンネルを抜けるとテレビ朝日であった。

が

六本木の長いトンネルを抜けるとテレビ朝日でした。

となっただけで興ざめするように、とことんディテールにこだわることが大切です。

そのディテールへの狂気が強ければ強いほど、笑えます。

そして(3)は、パロディは、パロディを使用する意義がなかったりするとスベるということです。なにか本家の世界観を借用する、演出上の意図がないと危険です。

そして、(4)と(5)は危機管理。(4)はこれがないと、本家のファンから叩かれます。

(5)は、いうまでもなく、これがないと本家から叩かれます。

⑫ 禁断

「下ネタ」や、「ブラックジョーク」の類です。TPOによって程度に対するセンスが常に要求されるので、上級テクニックです。

しかし、うまく使えば、誰も傷つけず後味のよい「笑い」を生み出すこともできます。

これも、「受け手」がどこまでの許容性があるか、共有知識があるか、を見極める必要性があります。

⑬ シュール

シュールとは、簡単にいうと「理解不能」ということです。

絵画や文章にも「シュール」はあります。しかし、それらの分野ではあまりみられない用途として、映像の世界では「シュール」が「笑い」を生み出す大きな武器になります。

たとえば、そのもっともわかりやすいものが、「シュールな『間』」です。

以前作った『ジョージ・ポットマンの平成史』という番組は、イギリスヨークシャー州立大学の歴史学部教授（という設定の外国人）が、平成時代、なにか特筆すべきトピックがあった日本特有の文化を、歴史をさかのぼって調査するという番組でした。

この番組は、「教授の設定だけが架空で、それ以外はすべて事実に基づく」という「設定」自体がシュールな番組ではありましたが、特に「笑い」の演出の「基本軸」においたのが、シュールな「間」でした。

「人妻史」や「ファミコン史」「ピンクチラシ史」というように、毎回調査するテーマを決め、「教授」がその道の大家にインタビューにいくのですが、たとえばその大家が発する日本人独特の「キーワード」が理解できずに、変な間が生まれる、という笑いの構造を利用しています。

たとえば、ファミコンの歴史を紹介した際、教授が「高橋名人」にインタビューしたシーンです。

ポットマン教授「当時、名人の会社では
どのようなゲームを作っていたんですか？」

高橋名人「あの、「デゼニランド」という、パソコン用のゲームですね」

ポットマン教授「……？」

高橋名人「これは当時、千葉にテーマパークができたんですけど、
それに対抗して、埼玉県が別のテーマパークを作ろうと。
秘宝の「ミツキマウス」というアイテムを探しに行くという
アドベンチャーゲームになっているんです」

ポットマン教授「……ミツキ、マウス？……」

高橋名人「…………」

ポットマン教授「…………」

ポットマン教授「(気を取り直して)
当時、大人気だったファミコンの名人ともなれば、
色んなことがあったのでは？」

高橋名人「会社からですね、やっちゃいけないことは

かなり言われました。

「たとえば、「ピンク街」に行くなとかね」

ポットマン教授　「ピンク、ガイ?」

高橋名人　「…………」

ポットマン教授　「…………」

といった感じです。要所要所で、インタビューがかみ合わない。そんなシュールな空気を演出の根本に据えました。

これは当時、かなりの衝撃でした。深夜番組で半年で終了したのですが、そのシュールさからか熱狂的なファンが生まれ、DVDが4巻発売されることにもなりました。

シュールを笑いのために用いる際は、よきところで誰かが吹き出すように笑うなど、それが「笑い」だとわかる笑いを入れる、あるいは、笑いが起こるようにするのが王道です。

しかし、この『ジョージ・ポットマンの平成史』は、ワイプでタレントが見てツッコミをいれる構造でもなく、「スタッフ笑い」が入る演出でもなかったので、前代未聞のシュールさだったと思います。

シュールは、トリッキーですが、ハマると熱狂的なファンを産みます。これも、比較的難易度の高い技術ですが、映像で笑いを作ろうとする場合は大切な技法の1つです。

これで、本書で説明する「笑いを作る」技術は以上です。

ここまで読んできて、ひょっとしたら気づかれた方もいるかもしれませんが、**「笑いを作る技術」は、「裏切る力」の応用**とも言えます。

ストーリー全体や、ある程度の長さのシーンの中で裏切る技術が前項で説明した「裏切り」だとしたら、この項で説明した「笑い」は、「瞬間的に裏切る技術」です。いわば、「マクロな裏切り」と、「ミクロな裏切り」と言ってもいいかもしれません。

この**「マクロな裏切り」と「ミクロな裏切り」が複雑に絡み合って、1秒も飽きさせない「ストーリー」になっていく**のです。

この2つの「裏切り」が、この第4章における主要な議題でしたが、あといくつか、全体で継続してストーリーを飽きさせない技術がありますので、簡単に説明します。

ちょっと、専門的でもあるので、読み飛ばして、次の章に入っても大丈夫です。

チェーホフの銃力

持続編【1秒も飽きさせない】

23

③ すべての要素に「意味」を持たせる

「すべての要素に意味を持たせる」。これは裏を返せば、

必要のないシーンは使わない。
必要のない要素は入れない。

ということです。あたりまえのようですが、しっかり意識しないと、ついやってしまいがちです。

これもフィクションの言葉ですが、**「チェーホフの銃」**という概念があります。

ロシアの劇作家チェーホフ自身の言葉であり、**第一幕で壁に銃をかけておいたなら、どこかでちゃんと撃てよ、**ということです。

文字数や尺数に制限がなければ、そこまで意識しないかもしれませんが、チェーホフに言われるまでもなく、放送尺が有限なテレビにおいては、最後は常に「意味あるシーン」の中での優先順位を選び抜く格闘でしかありません。

この項は…

- **見た人を唸らせるプレゼン・動画・文章を作りたい**
- **上司・恋人・配偶者から「話が長い」と言われる**
- **専門的なストーリー作りの技法が知りたい**

人におすすめ

「シーンの意味」は、数え上げれば無数にあります。
映像で言えば、次のようなことです。

- **バックグラウンドの説明**（例：だらしない性格を表すための、汚れた箱）
- **ストーリー上の伏線**（例：ストーリー後半で鍵をにぎるもの）
- **時間経過**（例：夜になったことを表す、「月」の寄りカット）
- **意図的に入れるムダ**（例：気持ちを整理したり、余韻を味わうための間）
- **ミスリードの道具**（例：前章で述べた燻製ニシンの虚偽。たとえば犯人でない者が持つオモチャの銃など）
- **飽きさせない工夫**（例：インタビューが続いた時のインサート）

などなど。

そして、実は、この書籍。

めちゃくちゃ分厚いですが、一切ムダな「表現」は排除しています。

「あれ、脱線かな？」と思った箇所や、違和感があるなと思った箇所は、ちょっと頭の片隅に入れながら読み進めてみてください。

それらは、すべて、この書籍全体で提示した「32の技術」を実際に体験してもらうためにに、ちりばめた伏線です。

それを気にしなくても理解できるように書いているつもりですが、特に、ここから先は、それを気にすると、より本書を楽しめるはずです。

ここまでの前半で、それをあえて伏せてきたのは、とある理由があるからですが、これはのちほど、詳述します。

快適ひっぱり力 24

持続編【1秒も飽きさせない】④ 常に「なんだろう?」と思わせる

そして、いままさに、前の項目の最後に用いたのが、「ひっぱる技術」です。

これは、ストーリー作りにおいて、多用される技術です。

この技術は、**「なんだろう？」と気になる疑問を、常に継続させる**というところにキモがあります。

連続するシーンの流れの中で、1つ謎が解決したら、すぐにそのシーンでまた次の新たな謎を立ち上げる。あるいは、物語の前半で、最後のほうで解決される大きな疑問を立ち上げて、1つずつその手掛かりを探っていく、という構造です。

しかしこの技術は、危険もはらんでいます。

それこそ、いままさに、体験していただいたのではないでしょうか。

ひっぱりすぎると、「ウザい」のです。

さきほど、ぼくは「うんこ漏らす力」のところで、すでに1個疑問を立ち上げました。

さらにもう1つ「とある秘策」（☆2）があるのですが、それはとても大切なことなので、後ほど詳述します。（311ページ）

この項は…

- **コンテンツを「最後まで」見て欲しい**
- **「ウザい」と思われず、もったいぶりたい**
- **プレゼンで、受け手の興味を「常に持続させたい」**

人におすすめ

さらに、つい1つ前の項目、「チェーホフの銃力」の中で、この本に散りばめた「伏線」に関して、

ここまでの前半で、それをあえて伏せてきたのは、とある理由があるからですが、これはのちほど、詳述します。（351ページ）

と、また新たな疑問を立ち上げました。

どうでしょうか。ウザいと思わなかったでしょうか？

「テレビがウザい」と思われる原因の1つに、この「ひっぱり多用現象」があります。

「伏線」は匂わせる程度なので、そんなにウザいとは思われません。

しかし、反面、そうとう注視してもらわないと気づいてもらえないかもしれない。

逆に「ひっぱり」は、「あえて明示する伏線」とも言えますので、多用すると**「も**

ったいぶってないでいますぐ教えろよ」と思われるリスクがあります。

反面、「ながら見」されるテレビには、向いた手法であるのも事実……。

そこには、テレビという箱の前に、

- はじめから観ている人がいる
- 途中から観る人もいる

という、ニーズが正反対になりかねない二者が共存しているから難しいのです。

だから、常に、両方の視聴者がなるべく満足する最大公約数は何かを考えながら、さまざまな手法を用いることが大切です。

ですが、やはり「ノンフィクション」というジャンルに限っていえば、「リアリティ」を大切にするという観点から、この「ひっぱり」は多用すると興をそぎます。

ですから、なんらかの形で「ながら見」ではなく、凝視してもらい、なるべくうっとうしくない技法で、興味を持続させていくのが、良いのではないかと思います。

持続編【1秒も飽きさせない】⑤「振り幅」を最大限に広げる

25

時空を超える力

映像でも文章でも、飽きさせないために、ぼくが大切しているもう1つのルールがあります。それが、2つの次元の「振り幅」を強く意識するということです。

その2つの次元とは、3次元の「空間」と4次元の「時間」です。

「空間軸」と「時間軸」を意識して、「マクロ」と「ミクロ」を縦横無尽に行き来することを、強く意識するということです。実はこれ、普通に撮影・編集しているとなかなか実現できないのです。

なぜなら、物事には、空間も時間も最適な「サイズ」や、「順序」というものがあり、熟練すればするほど、最適に撮ってくるようになるからです。それゆえ、この「振り幅」は、あえてそれを壊そうと意識しないと実現できないのです。

でも、たとえば「お城のめいっぱいのヒキ画」というマクロな画のあと、一気にミクロな空間に入り込み、そのお城の「瓦のヨリ画」のカットにする。

この**大きな空間の行き来は、見るものを「はっ」とさせます。**

時間も同じです。3秒の1問1答を4回繰り返したあと、5問目で急に10秒だまりこむ、というシーンを想像してみください。

この項は…

- 「ロマンやスケール」を感じさせるプレゼンをしたい
- コンテンツ・PR動画etc.に「迫力」を持たせたい
- プロの中でも、玄人よりの「演出力」を身に付けたい

人におすすめ

「なんだ?」と一気に入り込めるはずです。

ぼくがこの「空間」と「時間」を、「マクロ」に「ミクロ」に行き来する美しさを強く意識するようになったのは、「漢詩」に触れてからです。

この**「時空を超える技術」は、漢詩において、表現として最高のレベルまで完成された技法**です。

漢詩は「対句」[*1]や、「聯(れん)」[*2]という技法や規則に象徴されるように、常に「対」という概念を意識します。

そして表現される内容も、「マクロ」と「ミクロ」の対比が意識され、その間を自由自在に行き来するのです。

たとえば、有名な陶淵明の『飲酒二十首　其五』。

結廬在人境　　廬を結んで人境に在り
而無車馬喧　　而も車馬の喧(かまびす)しき無し
問君何能爾　　君に問う何ぞ能く爾(しか)るかと

＊1　語格や意味の相対する2つ以上の句を対照的に並べて表現する修辞的技巧のこと。

＊2　律詩における対句のよび名。聯句。

心遠地自偏　心遠ければ地自づから偏なるなりと
★採菊東籬下　菊を採る東籬(とうり)の下
★悠然見南山　悠然として南山を見る
山氣日夕佳　山氣　日夕に佳く
飛鳥相與還　飛鳥　相い與に還る
此中有眞意　此の中に眞意有り
欲辨已忘言　辨ぜんと欲して已(すで)に言を忘る

「★」を付けた2行の映像をイメージしてみてください。
目の前にある菊一輪。
そしてその次のカットは、いきなりもっとも引いた遠くの「南山」。
空間を自在に行き来して、「市中の田園生活」の情景を描いています。

また、**李白**の**『将進酒』**の書き出し。

君不見黄河之水天上來　　君見ずや　黄河の水天上より來り
　奔流到海不復回　　　　　奔流して海に到りて復た回らず
君不見高堂明鏡悲白髪　　君見ずや　高堂の明鏡白髪を悲しみ
　朝如青絲暮成雪　　　　　朝には青絲の如きも暮には雪と成る

初めの2行は、映像でいえば「空撮」からみた巨大な黄河です。

そして続いての2行は、鏡にうつった白髪のおじいさんです。

空間を「マクロ」に「ミクロ」に、自由に行き来します。そして、川の水も上流には戻らないし、白髪も昔のような黒髪には戻らないと言っているのです。

さらに、この漢詩は「時間軸」も自在に行き来します。

「流れる川の水」「人間の老い」という、長さの異なる不可逆な時間軸です。

しかも、「黒髪だった若い頃から、白髪の老人になる」という、本来なら何十年とかかるマクロな時間軸も、「朝」から「暮」という、極めてミクロな時間軸で表しています。

「空間軸」と「時間軸」を自由に行き来しすぎて、かっこよすぎる表現です。

そして、「だから……」と、この4行に続く文章では述べています。

「人生得意須盡歡」

（とにかく人生、少しでも意にかなうことがあったら酒を飲め）

そして、詩の最後をこう結ぶのです。

「會須一飲三百杯」

（あ、飲むからには、必ず1回300杯な）

「空間」「時間」だけでなく、「夢と現実」も、「常識と非常識」も自由に行き来する振り幅が、李白の魅力です。

「時間軸」と「空間軸」以外にも、さまざまなベクトルの「振れ幅」があります。

深夜に家で語る**「夢と現実」**、いまどきの大学生にひそむ**「常識と非常識」**、あるいは、それこそ本書の「うんこと漢詩」のような**「下世話と高尚」**もそうかもしれません。ずっとうんこの話をされたらドン引きだし、ずっと漢詩の話をされたら頭が痛いのではないでしょうか。

その**「振り幅」で飽きさせないのが、エンターテインメントの技術の1つ**であり、ストーリーを飽きさせない大いなる武器になるのです。

漢詩には、振り幅の他にも、極めて少ない語数の中にさまざまなルールに基づく修辞を凝らした芸術です。教科書に載っているさまざまな漢詩も「映像」の修辞という観点で見ると、俄然勉強になりますし、楽しくなるはずです。

たとえば、この李白の『静夜思』というたった4行の詩。

〰〰〰〰〰〰〰〰〰

牀前看月光　牀前　月光を看る
疑是地上霜　疑うらくは是れ地上の霜かと
挙頭望山月　頭を挙げて山月を望み
低頭思故郷　頭を低(た)れて故郷を思う

後半2行の「空」と「地上」というカメラアングルの極端な振り幅。

そして、1行目から4行目まで注意深くみると、これ、1カットショーです。ベッドの前の地面に降り注ぐ月の光をみて「霜」のようだと思い、頭を上げてあらためて「月」だと思う。そして、もう一度視線を落とし、今度は現実世界ではなく記憶の中の故郷へワープ。しかも記憶の中の故郷だから、「空間」と「時間」のワープです。

同じく李白の『秋浦歌(しゅうほか) 其十五』に至っては、書き出しの1行、

白髪三千丈(白髪が9キロメートル)

というひと言で、「空間軸」「時間軸」すべての常識を一瞬で吹き飛ばします。縁愁似箇長(悲しくてこんなになっちゃった)と続くのですが、ケレン味*もぶっとびすぎるとすがすがしくすらある、大胆な映像のイメージです。

手っ取り早くさまざまな修辞・演出技法を身に付けたいなら、李白でも杜甫でも陶淵明でも李賀でも、1冊やさしい漢詩の本*を手に取ることをおすすめします。

*外連味。目を引くための、大げさな演出手法のこと。

*この項、および30項で取り上げた陶淵明と李白の漢詩について、原文・書き下し文は、釜谷武志『陶淵明〈距離〉の発見』、松浦友久編訳『李白詩選』を参照した。

ラスト編

1秒も「ムダではなかった」と思ってもらうために

——「説明型コンテンツ」を「体験型コンテンツ」にするストーリーの技術

さて、ここまで、

(1)「冒頭」でいかにして、興味を持ってもらうか

(2)「継続」して、いかにその興味を持ち続けてもらうか

ということに関して、述べてきました。ここまできたら、次に説明しなければならないことはなにか、もうおわかりだと思います。

(3)「結末」を見てもらって、いかに満足してもらえるか

です。それが、なぜ重要か。

(4)「連続性」の中での「継続」

という次の次元への、大切なステップだからです。テレビならレギュラー番組として続けていくこと。「また来週観たい」と思ってもらえるかどうかです。

テレビではなくても、PRの仕事なら次も受注させてもらえるか、ネット動画なら、チャンネル登録してもらって、また自分のコンテンツを観に来てもらえるか、あるいはすべての企業にとって、その企業のファンでい続けてもらって、また次も自分の企業の商品・サービスを選んでもらえるか、ということになります。そう思ってもらえるためには、しっかり「満足」してもらうことが大切です。

ここからは、そのために僕がもっとも大切だと思っている2つの技術を紹介します。

サウナカ

ラスト編【1秒もムダじゃなかった】

①「原因の体験」で没入

26

本当に、ごめんなさい。謝らせてください。

この本には、とある「仕掛け」がしてあると述べました（120ページ）。

それは、**「この本に書かれたさまざまな技術を、なるべく多く、この本の中で実際に体感してもらう」**ということです。

ぼくは、ストーリーを作る時に、強く意識している大切なことが1つあります。

それは、できるだけ、

「説明」ではなく、「体験」であるべき。

映像でも、文章でもそうです。何かの魅力を「説明」されても、それでは心は動かされないのではないかと思います。

「〇〇さんは、いま悲しがっている」と説明されても、何も心は動かされないのです。

この項は…

- **「ひと工夫」でプレゼン・リリースの威力を倍増させたい**
- **記事・動画 etc. のコンテンツが受け手に「刺さらない」**
- **就活・転職で「自分の経験」を相手にしっかり伝えたい**

人におすすめ

では、どうしたら、「説明」は「体験」に変わるのか。

それがこの項のテーマであり、実はこの本全体を貫く大きなテーマでもあります。

この本は、この本に出てくる技法の「説明書」として書くつもりは、毛頭ありませんでした。この本は、この本に出てくる技法の「体験書」にしたかったのです。

なぜなら1つは、映像で用いられる技法がどうやったら、活字で伝わり、かつその本質を他の分野へ応用するために、読んでいただいた方の血肉になるかと考えた時、それが一番だと考えたからです。

そして、もう1つには、この項で述べる「体験」こそが、「ストーリー作り」において、もっとも大切な技術の1つだと考えるからです。

そのために本書では、ここまでちょっと違和感のある文章や、あえて不愉快になってもらうような文章をちりばめておきました。

たとえば、第3章の「常に表現がわかりにくくなっていないかに注意を払うべき」(187ページ)ということの意義を、「説明」ではなく「体験」してもらうために、あ

えてそれより前（143ページ）に、

「ドラゴンボールのフリーザ編で、ナメック星の最長老がクリリンの潜在能力を最大限まで引き出したように」

という文章を説明なしで、差し込んでおきました。

ただ単に、187ページでいきなりこれを例示して説明するより、その説明に関係のない前段で、「わけのわからない言葉」であたりまえのように説明されるウザさを体験しておいてもらうためです。

そのウザさを体験しておけば、どうでしょう。解決策を読んだ時の心の残り方や納得感は、事前に「ウザさ」を体験していなかった場合に比べて、格段に高まるはずです。ドラゴンボール世代以外の人たちは、本当にウザいと思ったはずですから。

それ以外にも、この本全般に、さまざまな仕掛けをしてあります。

たとえば「快適ひっぱり力」を体感してもらうために、あえてその直前の項目「チェ

ーホフの銃力」の終わりに、

そして、実は、この書籍。

めちゃくちゃ分厚いですが、一切ムダな「表現」は排除しています。

「あれ、脱線かな？」と思った箇所や、違和感があるなと思った箇所は、ちょっと頭の片隅にいれながら読み進めてみてください。

それらは、すべて、この書籍全体で提示した「32の技術」を実際に体験してもらうために、ちりばめられた伏線です。

それを気にしなくても理解できるように書いているつもりですが、特に、ここから先は、それを気にすると、より本書を楽しめるはずです。

ここまでの前半で、それをあえて伏せてきたのは、とある理由があるからですが、これはのちほど、詳述します。（351ページ）

と「ひっぱり」を入れました。ひっぱり①

そして、しかしその「ひっぱる技術」はやりすぎると「ウザい」と思われる弊害を持つということを体感してもらっておくために、さらにさかのぼること40ページ前に、

（恥ずかしい内面でも吐露してもらうための）「とある秘策」であった、「一見ネガティブかもしれない内づらでも、その魅力を徹底的に探る」ための、さらにもう1つ「とある秘策」があるのですが、それはとても大切なことなので、後ほど詳述します。（311ページ）

と、もう1つ別のひっぱりを入れておきました **ひっぱり②**。これは、「ひっぱり」の効能と弊害をそれぞれ、体感してもらうために、仕掛けておいた文章です。

これを少しでも事前に味わっておくとおかないとでは、効能に関しても、弊害に関しても、それを技法とし、説明された際の納得感も、身につき方も、異なると思います。

これが、ここで説明する「体験を擬似共有する技術」そのものです。

この構造は、まさに「サウナ」です。

サウナは、最後に「水風呂に入る」という結末で最高潮の快感を得ます。そして、そのために、体にあえて「水風呂で奪うべき熱を蓄えさせる」という「体験」をする行為なのです。「熱」を得るという体験をしなければ、その「熱」を失う体験はできないのです。そして、その先にある、熱を失うことで得られる「効能」（サウナなら快感）も得られない。

ストーリーを描く際、たとえば、３ＬＤＫに住む、最近離婚して家から妻と娘が出て行ったしまった男のノンフィクション・ストーリーを描くとしましょう。

・「離婚して、もう子どもと会えないんです」

と言われて男に泣かれても、「へぇ〜」です。

・家で、楽しそうに焼きそばを作って食べる

というシーンのあとに、

・「離婚して、もう子どもと会えないんです」

と言われても、ぐっときません。「は?」って感じです。

なぜ、「は?」か。

それは、この「最近離婚した男」の頭の中だけにある「楽しかった思い出」(過去の体験)を、視聴者が擬似共有できていないからです。

男はいま、涙している。ということは、離婚して子どもと会えないことに喪失感を覚えているのです。その「喪失感」という「結果」を喚起させるのは、「楽しかった思い出」という「原因」が必ずあるのです。

男は自分の人生だから、それが頭の中にあるのです。しかし、視聴者はその男の半生なんて知らないのです。その男の「楽しかった思い出」なんて知らないのです。

ですから、いきなり「離婚して、もう子どもと会えないんです」と言って泣かれても、すぐには感情移入できない。「ストーリー」に没入することができないのです。

何回も言うように、「市井の人」や、「無名のもの」を、「ノンフィクション・ストーリー」として描く際には、それに関する「共通知識」も、「共通体験」もないところからのスタートなのです。

だからこそ、**「結果」を体験してもらうためには、「原因」も体験してもらう必要がある。**

この場合であれば、

・妻と子どもが出て行ったあとも、そのままになっている娘の部屋
・そこには、娘と原宿に買いに行った何気ない人形が、まだある
・それだけでない、娘が小さい時、家族旅行で海に行って一緒に拾った貝殻が、瓶につめられたものも、勉強机にそのまま飾ってある
・リビングには、娘が小さい時くれた「お父さんありがとう」という手紙がある

こう描いてから、

・「離婚して、もう子どもと会えないんです」

ときたら、どうでしょう。

すみません。自分で書きながら泣きそうです。ぼくは。

会えなくなって悲しい、ということを描くなら、会えなくなる前の楽しい思い出を、主人公の頭だけでなく視聴者の頭の中にも共有してもらわなければ、この男のストーリーの喪失感を、一緒に体験することはできない。

つまり、**ストーリーに「没入」できない**んです。

この「没入感」こそ、「ストーリー」を継続して観てもらう技術でもありますが、さらにそれを超越して、この章のテーマである「最後まで見て納得してもらう」ための、大切なポイントだと僕は、思います。

何かを「失った」悲しみを体験するなら、失う前に得た喜びの体験が必要です。

それだけではありません。逆もまたしかりです。

大学受験に受かって泣いている人物の「喜び」を体験として擬似共有させたいなら、大学受験に受かって喜んでいる「結果」の、「原因」の体験も擬似共有してもらう。

たとえば、

・天文学者になるため、小さい頃から読んできた本だらけの部屋
・小学校のとき書いた作文に「おおきくなったら、てんもんがくしゃになりたい」
・マーカーで線をひいた痕跡だらけの受験参考書

これを視聴者に見てもらい、体験を擬似共有してもらった上で、

・受験に受かって本当に嬉しい

と、いうような形です。

「獲得した喜び」（結果）を体験してもらうなら、「獲得のために費やした時間の長さ」（原因①）や、「獲得する前の努力」（原因②）を体験する必要があるのです。

何かを「得た」喜びの体験を擬似共有するには、そのために「費やしたもの」や「犠牲にしたもの」（＝失ったもの）の体験を擬似共有しなければならないのです。

そしてこれこそが、お待たせしました。ひっぱり①で「あえての脱線や違和感が本書には散りばめられており、それは本書の32の技術を体験するための伏線。しかし、ここまで前半であえてそれを伏せてきたのにはとある理由がある」と提示した、「とある理由」の答え合わせです。

前半であえて伏せてきたのは、「ひっぱりの効能」や「ひっぱりのウザさ」「わからなくなることの不快」などを体験してもらうことで、それらの技法や、それらを解決する技法を獲得することの「効能」を体験してもらうためです。

「この本で獲得した技能の喜び・効能」（結果）をよりリアルに体験してもらうには、「それがなかった場合のウザさ」（原因）を体験してもらう必要があったからです。

ウザいこととして、本当にごめんなさい。先にネタばらしをしたら、「原因」の体験が薄まってしまいます。すると必然、「結果」の体験の威力も弱まってしまいます。

どうでしょうか。サウナに入った後、水風呂に入った爽快感を、少しだけでも味わってもらえたでしょうか……。

ストーリーの構成技法には、「起→承→転→結」や「序→破→

急」が知られています。もちろん、これらの技法は必要ですし、詳しく学びたければいくらでも参考書が出ています。

しかし、ぼくは「人の感情を揺さぶる魅力的なストーリー」を描く、という目的だけを考えるなら、

「〝原因の体験〟の擬似共有↓〝結果の体験〟の擬似共有」

この2幕構成を強く意識するべきだと思います。もちろん、この構造は、「起承転結」や、「序破急」と矛盾するものではありません。並存するものです。

本書には、いま一例としてピックアップして説明した仕掛けの他にも、さまざまな「本書内で説明する技法を体験するための仕掛け」がちりばめられています。

万が一、2回目、ペラペラっとめくる機会がありましたら、それを探すのを楽しみにしてみてください。

そして、少しだけ話を続けます。ここで説明した「体験を擬似共有してもらうこと」

の目的を思い出してください。

それは、「最後まで観て納得してもらう」こと。そして、「連続性」へ繋げていくことだったはずです。映画や文章なら、もうこれで十分かもしれません。

しかしテレビなら、あともう1つだけ、やったほうがいいことがあります。

それは**「再体験」**です。

ぼくなら、先ほど紹介した、

・妻と子どもが出て行ったあとも、そのままになっている娘の部屋
・そこには、娘と原宿に買いに行った何気ない人形が、まだある
・それだけでない、娘が小さい時、家族旅行で海に行って一緒に拾った貝殻が、瓶につめられたものも、勉強机にそのまま飾ってある
・リビングには、娘からもらった「お父さんありがとう」という手紙がある
・「離婚して、もう子どもと会えないんです」

というストーリーの構成のあと、最後にもう一度、

・勉強机の上に置いたままの、貝殻の小瓶

（＝振り返り）……パターン1

・「これ見てください」と言って取り出した通帳。「いつか娘が嫁に行く時のために貯めているんです。いつの日か、これを渡せる日がくるかもしれないから……」

（＝「原因」の中で、未使用のシーン）……パターン2

のどちらかのシーンを入れます。

なぜなら、テレビは**途中から入ってくる視聴者の方もいるから**です。

さらに、初めから観てもらっている方に、本当に「ストーリー」の真の意図を理解してもらったり、体験の効果を高め「最後まで観てよかったな」とより確実に思ってもらうには、実は、もういちど頭から観て、それらの意味のあるシーンを振り返ることが、最も効果的です。しかし、なかなか、そこまでしてくれる方は多くはありません。

だからこそ、象徴的だった1~2カット（パターン1）、もしくはまだ使ってはいない原因のエピソードを1シーンだけ（パターン2）、最後に差し込みます。

そうすることで、ずっと観てくれた人も、途中から観てくれた人も、よりしっかり「結果」の体験の擬似共有ができるようにします。

まさに、つい先ほど、

万が一、2回目、ペラペラっとめくる機会がありましたら、それを探すのを楽しみにしてみてください。

と、述べました。でも、たぶんぼくならやりません。やっぱり、同じコンテンツを、2度消費してくれるというのは、よっぽどなことだと思います。

そうしてくれたら幸いではありますが、それを前提でストーリーを作るのは、まだ

「受け手の気持ちをストーカーする力」が足りないのではないかと思います。

これが、

ここまでの前半で、それをあえて伏せてきたのは、とある理由があるからですが、これはのちほど、詳述します。（351ページ）

と述べた、もう1つの理由です。

「前半で」としたのは、少しだけこの先の本書内で、「再体験」できるようにするためです。

そうすればこの本は、2回読まなくても、より「結果」を深く体験できるでしょう。

補足

ちなみに、この「体験を擬似共有する技法」は、「伏線」の一種です。

僕は、「伏線」というのは、その「機能」に着目し、次の2つに大別すると、理解しやすいと思います。

それは、

(1)「発見の喜び」を与えるための伏線

(2)「体験を擬似共有し」没入してもらうための伏線

です。一般に意識される「伏線」といえば、ミステリーの謎解きのような(1)が多いですが、いまここで説明したのは(2)です。

この2つの差異を明確に意識すると、より体験を共有できるストーリー作りができると思います。

東野圭吾力 27

ラスト編【1秒もムダじゃなかった】②「なぜ？」で犯人さえ好きになる

さて「飽きずに継続してみてもらう」ための技術として、「裏切る力」をご紹介した際に、「外づら」と「内づら」の差を描くことが有意義であると述べました。

そして、そのための技法を、309ページでこう紹介しました。

○人の「外づら」と「内づら」という二面性の存在を強く意識する
○そして「内づら」をとことん、描こうとする
○そのために「とある秘策」を持つ
○そして、その「とある秘策」のために、もう1つの「とある秘策」を持つ

3つめの○の「とある秘策」は、「一見ネガティブかもしれない内づらでも、その魅力を徹底的に探る」ことだと述べました。

そして、そのためには、

さらにもう1つ「とある秘策」があるのですが、それはとても大切なことなので、後ほど詳述します。 ひっぱり②

この項は…

・受け手の価値観に革命を起こす方法を知りたい
・マーケットの「潜在的なニーズ」を探りたい
・上司・部下の「理解できない行動」を理解したい

人におすすめ

と述べさせてもらいました。

このひっぱり②の答えこそ、この項で紹介する技法、犯人さえ好きにさせる「なぜ?」力です。

『家、ついて行ってイイですか?』に登場する方々は、決して聖人君子ばかりではありません。

・若い頃に遊びすぎて、家庭を壊してしまったおじいさん
・仕事になじめなくて、会社をやめてしまったおじさん
・チャラい飲み会に興じる女子
・ゴミ屋敷おじさん
・出会い系をしている人
・街の変なおじさん

などなど、どちらかというと、ネガティブな要素をもった人々も多く登場します。

また、ネガティブではありませんが、

・液体窒素大好きおじさん
・首輪をつけられたがるドM女性
・美少女ゲーム大好きおじさん
・蜂大好きおじさん
・ブリキのおもちゃに2000万円かけた男

などなど、一瞬ちょっと「?」と思う嗜好・価値観を持った方も多く登場します。
では、どうやって、そういった方々の、一見ネガティブな、もしくは、なかなか世間では理解されづらい、「内づら」の魅力を探ったらよいのでしょうか。

それが、**「ひたすら『なぜ?』と突き詰める力」**です。
たとえば、『家、ついて行ってイイですか?』で出会った29歳の女性の話です。
深夜の池袋で出会ったのですが、出会った時には、すでにベロベロ。
片手に缶チューハイも持っていました。しかも、靴が片方壊れていました。

なぜ？①

ヤケになって御茶ノ水から、池袋まで歩いてきたのだそうです。

なぜ？②

男にすっぽかされた。出会い系サイトで約束をし、待ち合わせていたそうです。

なぜ？③

出会いがない。

なぜ？④

いま休職中だからだそうです。

なぜ？⑤

家に行くと、お父さんとおばあさんが寝たきり。

2人の介護をひとりで担っているそうです。

なぜ？⑥

祖母と父が死んだ時、「私に看取られて幸せ」と思って死んでほしいから。

なぜ？⑦

父と祖母を、愛しているから。

でした。ベロベロであることも、出会い系を利用していたことも、どちらかというと、ネガティブな印象でしたが、「なぜ?」を突き詰めて理由を丹念にたどっていくと、最後にはまったく印象が変わりました。

いま、下流から上流に向けて原因・動機をさかのぼっていきましたが、これを、上流から下流に、時間軸通りに戻してみます。

・父と祖母に対する愛情
・介護が大変すぎて仕事を辞めざるをえなかった
・仕事をやめると、社会とのつながりが完全に断たれてしまった
・普段は介護で忙しく、外で遊ぶ時間もあまりない
・だから、出会い系くらいしか出会いがない
・飲みに行けるのも月1回ほど。今日は本当に「たまの息抜き」
・だからこそ、すっぽかされたのが悔しかった

・それゆえ、御茶ノ水から池袋まで酒飲みながら歩いた

ということになります。

つまり、「なぜ？」と動機を突き詰めれば、

「出会い系を利用していたのは、父と祖母への愛情からきていた」
「ベロベロになるまで酔っ払っていたのも、父と祖母への愛情からきていた」

ということになります。

正直、**ぼくは、それまで出会い系に偏見を持っていましたが、彼女の話を聞いて、その価値観を一気に崩されました。**

これが、「裏切り力」の、「ネガティブなものでさえ内づらの魅力を探る」ための、「とある秘策」 ひっぱり② 、「なぜ？」と動機をひたすら掘っていく技法です。

人間は、どんな行為でも、動機をたどっていくと、誰しも持って

いる普遍的な感情に行きあたることがほとんどです。

たとえば、別の『家、ついて行ってイイですか？』の回で、渋谷で「結婚してくださ
い」という看板を持って立ち続ける50代のおじさんがいました。
「外づら」だけ見れば、完全に「街の変なおじさん」です。
しかし、このケースもまた「なぜ？」とずっと掘っていったところ、ガラッと印象は
変わりました。

なぜ結婚したい？

「90代になる両親に孫を見せたいから」

それはなぜ？

「昔は学級委員になるタイプで関西大学に進んだ。その頃は可愛がられ、『自慢
の息子』だった。だが30代になって働けなくなり、自慢の息子ではなくなってし
まった」

なぜ「自慢の息子」ではなくなった？

「政治家の秘書のような仕事をしていたのだが、選挙に際して違反行為をするよう指示された。でも、自分はできなかった。にもかかわらず検察に取り調べられた。まわりは逮捕されたが、自分はされなかった。でも、まわりの秘書仲間からは、『なぜお前はやらなかったんだ』と冷遇されるようになった。それから、恐怖でしばらく仕事がうまくできなかった」

でも、なぜ、看板を持つという方法を？

「昔から、歯並びの悪さがコンプレックスで、女性とうまくしゃべれなかった。どうやって、歯を見られないようにするのかを考えてしまう。でも、この看板という手段を考えついてからは、積極的にアプローチできるようになった。だから、わたしはこの手段でやり続けるんです」

どうでしょうか。一見すると、街にいる変わったおじさんですが、よく聞いてみると

「結婚しよう」という看板を持って立ち続ける理由は、

- 両親に対する愛情
- 「両親に認められたい」という気持ち
- それは、「職場内での理不尽な処遇」からきている
- そして、顔へのコンプレックス

どれも、誰もが経験する、普遍的な感情が動機ではないでしょうか。

ブリキのおもちゃに入れ込んでいたおじさんは、現役時代は船乗りさん。子育てに参加できず、ブリキ人形を風呂に入れたり、**失われた子育ての時間をとり戻している**かのようでした。

ネガティブと思われる「内づら」も、ちょっと人には理解されない特殊な「内づら」も、「なぜ」と掘り続けると、たいてい深層では……

・両親への愛
・両親に対する嫌悪
・モテたい
・子どもに対する愛
・子どもの頃に満たされなかった欠落感（母子家庭で、父がいないなど）
・容姿のコンプレックス
・お腹減った
・自信がない
・人に認められたい
・死への恐怖
・病気への恐怖
・嫉妬
など

といった、誰もが持っているところに行き着きます。

それもそのはず、**人間の動機は、サバンナにいた頃から、「死への恐怖」と「自己複製」という根本的なベクトルに規定されている、**と述べた通りです。

その「根本欲求」から、どのような人間の個性（内づら）が作られるかは、樹形図のようにさまざまな経路をたどり、多種多様な形で花開きます。

その細かく分かれた枝の先っぽが、たとえば「出会い系」という形だったり、「看板を持って婚活」だったり、ときに「不倫」だったり、「喧嘩」だったりするのです。

でも、それらはたいてい、突き詰めていくと、誰しもが持っている欲求にいきあたるのです。

人間は、他人への評価として下図のようないくつかの段階を持っていると思います。

ネガティブな「内づら」でも、その魅力を探って伝えることができれば、受け手は深くまで知らなかったがゆえに、**(6)拒絶や、(7)攻撃にあったものが、(5)の理解、(4)の許容になったりする。こうした「価値観の革命」が、「裏切り力」**なのです。

ちなみにこれはあくまでぼくの私見ですが、下世話だっ

【評価が高い】

(1) 同化 目指すべき目標やロールモデル

(2) 応援 同化するわけではないけど、支えたい

(3) 共感 行為には及ばないが、心理的には応援する

(4) 許容 応援までいかないが、そういう人がいることは許す

(5) 理解 許すまではいかないが、理解はしている

(6) 拒絶 存在を許しがたい

(7) 攻撃 存在を許さぬために、攻撃に出る

【評価が低い】

たり、ダメだったり、時に過ちをおかしたり。そうした人たちをただ非寛容な態度で叩いたり、軽蔑したりするだけの社会は、息苦しいし、味気ないと思います。

「なぜ、それをしたのか」。とことんそこに興味があります。肯定はしなくてもいいんです。ちょっと許容できたり理解できれば、それは素晴らしいことなのではないのでしょうか。

一瞬「?」となるような趣味の方のカテゴリーはそのままでいいのですが、ネガティブなカテゴリーのほうに関していえば、拒絶や攻撃をしていても、いつまでもそうした問題の本質は、解決できないからです。

「なぜ?」と、問いかけて、関係者や社会がその「動機」に向き合うことが、解決への近道だと思います。

ここでは、ノンフィクションの場合について説明しましたが、フィクションでも、魅力的な作品はすべて、ここがしっかりしているのではないでしょうか。

先日、ディレクターと話していたときに、彼が「東野圭吾が好きだ」と言いました。

ぼくは、いつものくせで、「なぜ」と聞き返しました。すると、そのディレクター曰

く、

「東野圭吾の作品は、犯人にもしっかり動機がある。だから、犯人でさえ愛せるんです」

なるほど、と思いました。動機を突き詰めて描かれているから、犯人でさえ愛せる。

その通りだと思います。

どんなものも「なぜ?」と探れば、その動機は誰もが持つ人間の遠い記憶からくる感情によります。だから『家、ついて行ってイイですか?』では、その人がせっかく披露してくれた「内づら」を、犯罪行為以外、決して非難するようなことはありません。

「なぜ?」と耳を傾けます。そして、ただ「あるがままに」というエールを送るだけ。

だから、最後にかかるのです。

「Let it Be(あるがままに、そのままでいい)」。

第5章 人の心に突き刺さる「深さ」の作り方

──多くの人に「また観たい！」と思ってもらうために

いよいよ、最後の章です。

番組を冒頭から最後まで観てもらって、もっとも大切なことは、「来週も観よう」と思ってもらうことです。そのために必要なのが、この章で述べる、コンテンツの「質」の深さへの挑戦です。

こうぼくが思うのは、またしても、「テレビ東京」でひたすら番組を作ってきたからです。

テレビには「視聴習慣」という言葉があります。「あ、あの局にいけば、おもしろい番組が観れそうだ」と思ってもらえる「期待値」のことです。

この視聴習慣が、テレビ東京は圧倒的に低いのです。

それには、2つの理由があると思います。

1つは、「歴史的ハンデ」。

テレビ東京は、地上波の中では、圧倒的後発局です。現在最強の日本テレビは、1953年開局。テレビ東京が一般総合局となったのは1973年。20年以上の差があります。

この20年の差は実数以上にとても大きい。現在の日本の人口構成は逆三角形化が進んでいます。つまり、年配の方たちが大きなボリュームゾーンをしめているのですが、この方たちが青春を過ごした時期、子どもだった時期にテレ東なんて局はなかったんです。

ぼくがいつまでたっても一番好きな歌手は「JUDY AND MARY」であるように、一番好きな映画は、たとえ「キモいね、厨二病だね」と言われても『耳をすませば』であるように、**青春時代に接したコンテンツは、人に一番大きな影響を及ぼします。**

しかしテレ東は年配の方にとって、そんな多感な時期に存在すらしていません。

2つめは、「規模的ハンデ」。

テレビ東京は、キー局(全国ネットワークを持つ)と名乗ってはいますが、実際のところ系列局はテレビ大阪(大阪府)、テレビ愛知(愛知県)、テレビQ九州放送(福岡県)、テレビ北海道(北海道)、テレビせとうち(岡山・香川)の5局のみ。**13都道府県でしか映りません。**

というか、ぼくが入社した時期は、テレビ北海道も、北海道の西半分くらいしか映らず、道東の方は映りませんでした。2015年に根室中継局ができ、ようやくほぼ全道に電波が届くようになりました。

となると若者でも、これら13都道府県以外、そして北海道の中でも東のほうに住んでいた人は、そんなテレビ局知らないわけです。知っていても、なんか東京のほうにある、よくわからない蜃気楼のようなローカル局、くらいの認識です。なので上京してきてテレビ東京が映る地域に住むことになっても、テレ東に対する視聴習慣もクソもありません。

だから、まずは「4↓5↓6↓8」ときて、うっかりそこまでで「観たい番組が一個もない」という奇跡が起こって、まぐれで「7」となり一度番組を観てもらうという奇跡が起こったら、次もしっかり観てもらうことが死活問題なんです。

わざわざ、「7」に合わせる人が、そもそも、ほぼいないんですから。

よくテレビ屋が、自分を卑下する意味で使う言葉に、

テレビは「作品」ではなく、「商品」だ。

という言葉があります。

ぼくもまれに、自虐芸の1つとしてそう言うことはあります。しかし、本心では、まったくそう思ったことはありません。

これは、視聴習慣がある他局では通用する文法です。「なんとなく、日テレ」「なんとなく、TBS」という視聴態度が成立するからです。

しかし、圧倒的リーディングカンパニーが、その経済規模ゆえに、戦略としての妥当性を持つ、「テレビは商品」という発想を真に受けていたら、テレ東はつぶれてしまいます。なんとなく行く「常連」の数と、「商品をきらびやかに装飾する潤沢な予算」がそもそも違うんですから。

リーディングカンパニー以外の企業は、リーディングカンパニーが「典型」として提示するイメージ構築に対して、常に警戒しなければなりません。

それは、2つの意味で、です。

1つは、いま述べたように、予算規模が違う。

じゃあ、**「同じことやってたんじゃ勝てるわけがない」**ということです。

そして2つめは、その「典型」が構築するイメージが、追随させないためのフェイクかもしれないからです。圧倒的リーディングカンパニーを牽引する中でも、中核となっている作り手が、「テレビは『作品』ではなく『商品』だ」と本気で考えているかどうかは疑問です。

ですから、リーディングカンパニー以外の企業、テレビ東京という文脈の中で語るにしても、「『作品』だけにとどまってはダメだ。『商品』としての大衆性がなければ、ビジネスとして成立しない」。そういう意味なら、これはまったく正しいのです。

しかし、商品としての「大衆性」だけを追求するのは違う。

飽くなき「質」の追求が大切です。

ここでいう「質」とは、「高尚さ」とかそういったものではありません。

「観てよかった」と思ってもらえる度合いの深さです。そしてその「深さ」を、同じ価値観を共有する狭い層の中でではなく、広い層（マス）の中で、どうやって追求していくか、と考えることが大切です。

では、「深く」訴求するための「質」を高めるにはどうしたらいいのかを、考えていきたいと思います。

マルチタスク ゲット力

「広さ」と「深さ」を両立させる裏技

28

ちょっと、カタい話が続いて疲れたと思うので、ここらで1つ、下世話な話でブレイクといきましょう。

乃木坂46と真剣にもめた話をさせてください。

『「人生を諦める技術」講座』という番組を作った時の話です。

「人生は、ままならない。それゆえに、人生は諦めることですべてがうまくいく」をテーマに、恋愛、仕事、家庭生活などさまざまな人生の難題を「諦める」ことで解決する方法を、歴史や哲学の中から学んでいく。そんな番組でした。内容は、

1　仕事を諦める技術
　～〝ムチャぶりする上司〟の諦め方

2　夫婦関係を諦める技術
　～〝夫の不倫が不安でYouTubeにアップしそうになる事〟の諦め方

3　仕事を諦める技術（その2）
　～〝絶対に過ちを認めない上司〟の諦め方

4　人間関係を諦める技術

この項は…

- 「深いファン」を作りたい
- 動画・記事 etc. の「コンテンツをバズらせたい」
- 普段は隠している「実現したい価値」がある

人におすすめ

～〝自分に対する悪口〟の諦め方

5　恋愛を諦める技術

～〝運命の人〟の諦め方

6　巨根を諦める技術

～日本の未来について～

といった感じです。

この番組は、フェイク「フェイク・ドキュメンタリー」のような番組を作りたいな、と思って作った番組です。

「フェイク・ドキュメンタリー」とは、実は台本が存在してフィクションなのですが、あえてドキュメンタリーのフリをして物語を作る、という表現方法です。

有名なところでは、フジテレビの『**放送禁止**』シリーズ[*1]や、映像作家・古屋雄作の『**スカイフィッシュの捕まえ方**』[*2]、『**R65**』などがあります。

ちょっと「通好み」なジャンルですが、よく作りこまれた「フェイク・ドキュメンタリー」だと、一瞬本当のドキュメンタリーと間違えます。

いま挙げた古屋雄作さんは、実は最近ヒットした『うんこドリル』シリーズの作者なのですが、さかのぼること10年前、『Ｒ６５』で、すでにうんこ好きの片鱗を見せていました。

『Ｒ６５』は、老人向けのシルバー専門チャンネルで放送されている、さまざまな特技を持った老人をとりあげる番組という設定のフェイク・ドキュメンタリーだったのですが、その中で「うんこ川柳の達人」への密着取材というＶＴＲがあったのです。

「うんこを　ぶりぶり　もらします」

など、うんこにちなんだ川柳をひたすら読み続けるのですが、２００７年、まだ入社したばかりで、リサーチの仕方も表現技法も、右も左もわからなかった頃の純粋なぼくは当時、これをすっかり実在の人物だと思い込んでしまいました。

しかも、「こんな人がいます！」と、『ＴＶチャンピオン』の企画会議で出した記憶があります。もちろん、本物かどうか以前に、内容が下世話すぎて、会議では華麗にスルーされました。

＊1　「ある事情で放送禁止となったＶＴＲを再編集し放送する」という設定のフェイク・ドキュメンタリー

＊2　未確認生物「スカイフィッシュ」の捕まえ方をひたすら紹介する、という設定のフェイク・ドキュメンタリー

話を『「人生を諦める技術」講座』に戻しますが、そんな「フェイク・ドキュメンタリー」のフェイク、フェイク「フェイク・ドキュメンタリー」とは何か。

それはつまり、「フェイク・ドキュメンタリー」のフリをしてるけど、実は、よーく観ると、「フェイクのようでリアルなんだ」とわかる構造です。

この番組では、たったひとり、東京法経大学の田村丸教授という人物の設定だけがフェイクですが、あとは全部リアル。歴史的事実も紹介される場所や人物もすべてリアル。ストーリーは、なんらかの「リアル」を描いている、という番組です。

田村丸教授以外のメインMCには、NHKを辞めた後、NHK時代のセクハラ報道ですでに決まっていたフジテレビのニュースを「諦める」ことになった、「日本で一番諦めていたアナウンサー」登坂淳一さん（NHK退社後、初MC）。

そして、顔の大きさが他のメンバーよりダントツ大きい。だから、それを隠すのではなく、グループで映る時あえて前にでて、顔を大きくみせるようにしていると語っていた、乃木坂46一諦めきることで、不動の人気を築いた秋元真夏さんを起用しました。

その最終回の、実際の台本がこちらです。長くなりますが、写真を追ってみていただければ、最低限の雰囲気はつかめます。

シーン①　スタジオ

登坂　さあ、続いては、いよいよ「人生を諦める技術」最終講義です。田村丸さん、最後は何を諦めれば宜しいでしょうか？

（〇ここで秋元、少し急ぎめで退室）

田村丸　はい、「諦める技術講座」最終講義は、「巨根を諦める技術」です。

登坂　「巨根を諦める技術」？

田村丸　はい。じつは、この巨根を諦める技術、ポスト平成の日本の行く末さえ占うとても大切なテーマなんですね。

登坂　なるほど。

登坂　こちらの、相談に関しては、諸事情により、私から読ませていただきます。
六本木にお住いの、団さんからのお便りです。
（注：他のＶＴＲは、秋元さんが「お便り」を読んでいたのですが、
ここだけは、秋元さんがスタジオから退出し、**登坂**さんが読みました）

シーン②

手紙の内容を、再現ドラマ風イメージ。
ホテルに、コケシ、外国人美女。

登坂　初めまして、間もなく50の声を聞く団と申します。
人生１００年時代、とは申せ、すでに折り返し地点。
それにもかかわらず、天命を知るどころか
どうしても諦めきれない悩みがあります。

登坂　それは……

登坂　「巨根」に対する憧れであります。
男性として生まれきたからには、常に強靭で、力強くありたい。
そう思ってきましたが、よる年波には勝てず、
日々衰退してゆく自分が辛くて仕方ありません。

登坂　しかも、認めたくないとは思いつつも自分の衰えを
認識するにつれ、日に日に巨根に対する、憧憬が募り……

登坂　日本人では飽き足らず、わざわざ外国人を呼んでまで
「スゴイイですね～」と言わせている始末です。

登坂　お金を払ってまで、外国人を呼び寄せ「スゴイイですね～」
「スゴイイですね～」と言わせたいなんて、
私は一体どうかしてしまっているのでしょうか？

外国人　スゴイイですね～（コケシを、外国人が見つめている）

登坂　私は……どうかしてしまったのでしょうか。
アドバイスのほど、よろしくお願いいたします。

シーン③　**スタジオセット**

一同　（……しばらく無言）

田村丸　はい、きっぱり諦めてください。

登坂　……諦めてください。（礼）

田村丸　そもそも、歴史を振り返ってみると
巨根であることはいいことばかりではありません。

巨根であったばかりに大惨事に陥った例には枚挙に遑がありません。

田村丸　中でも、巨根が国体そのものを揺るがした可能性があると言われるのが、教科書にも出てくる「宇佐八幡宮神託事件」でおなじみの「道鏡」です。

シーン④　**ロケ取材。実在の道鏡ゆかりの神社など**

N　僧・道鏡。奈良時代の僧侶にして、日本史上唯一、天皇に準じ、仏法の世界を治める法王の位にまで上り詰めた人物です。平安以後の資料によれば、道鏡は空前絶後の巨根。

N　後世の川柳には、「道鏡は　座ると膝が　三つでき」と詠まれ、さらに奈良に生息する、巨根で有名なオサムシは、

弓削道鏡（700？～772）
日本史上、唯一の「法王」

道鏡にちなみ、「ドウキョウオサムシ」と言われるほどでした。

N 高僧になり、権力の座に近づこうと野心に燃えていた道鏡は、3年にわたり、現在の奈良県平群(へぐり)町の岩屋にこもり修行していたと言われますが、一向に成果があがらず、ブチ切れ！拝み倒していた、如意輪観音像に放尿している最中に、局部をハチに刺され、巨根になったと言われ、まるで弥勒菩薩のようだったとまで言い伝えられています。

N 一説には、その巨根で孝謙天皇に気にいられ法王の地位にまで上り詰めますが、それだけに飽き足らず教科書でもおなじみの、宇佐八幡宮神託事件が勃発。なんと、道鏡は皇位簒奪(さんだつ)を図ったとされています。宇佐八幡から、次期天皇を道鏡にするよう、神のお告げがあったとされ、実際には譲位はなされなかったものの、平城京中が大混乱に陥りました。

N　事件は未遂におわったものの、道鏡は左遷。
この事件は有史以来、天皇家にとって最大の危機だったと言われています。

シーン⑤

登坂　大惨事ですね……

田村丸　はい、大惨事です。
一般に、うらやましいとさえ言われる巨根ですが、
その魅力ゆえに、大惨事に陥った例は枚挙に遑がありません。
（〇秦の嫪毐（ろうあい）、帝政ロシアのラスプーチンの例を
セット後ろの、モニター画面に）

登坂　大惨事ですね。

田村丸 はい、大惨事です。
しかし、今回の団さんの事例は、これだけにとどまりません。
わざわざ、「すごイイですね〜」と言わせるために
金銭を払って外国人を呼びよせるというのは、
もはや常軌を逸しているといっても過言ではありません。

登坂 逆に、かつての栄光と、
外国というものへの劣等感を感じさせますね。

田村丸 はい、その通りです。時代とともに衰退して行くからこその
劣等感がそこに隠されていることを見逃してはなりません。
国民レベルでのゆがんだ劣等感は、
過去、多くの世界規模の悲劇を生んできました。
そこで大切なのが、「過去の栄光を諦める技術」です。

（〇秋元、ここらへんで、スタジオ下手より in）

田村丸　最もわかりやすいのが、同時代を生きた、今川氏真、そして武田勝頼の例ですね。

秋元　今川焼きと、武田鉄矢？

田村丸　……今川氏真と、武田勝頼ですね。

シーン⑥　**ロケ　今川焼き店の前で今川氏真、武田勝頼の肖像など**

N　今川氏真と武田勝頼。
かの有名な、武田信玄と今川義元の息子であり、似た境遇にありながら、諦める技術の力量差によって、対照的な晩年を送った、諦め研究の好事例と言われています。

N　今川、武田両氏は戦国時代、最も天下平定に近かった大名でしたが、今川家は桶狭間で、武田家は長篠で織田信長にさっくり敗北。

N　強くても、それ以上に強い存在が現れた時、それぞれのとった、行動が大きく命運を分けました。

N　今川氏真は、家臣団や諸大名に「すごイイですね～」と言われることなど一切期待せず、その後よきところでさっくり天下を諦め徳川家康、織田信長に降伏。他方、武田家は徹底抗戦という諦めきれない選択をとりました。

N　今川氏真は、自分の父を滅ぼした仇である織田信長の前で後年、蹴鞠を披露するという天性の才能ともいうべき、見事なまでの諦めっぷりを発揮。

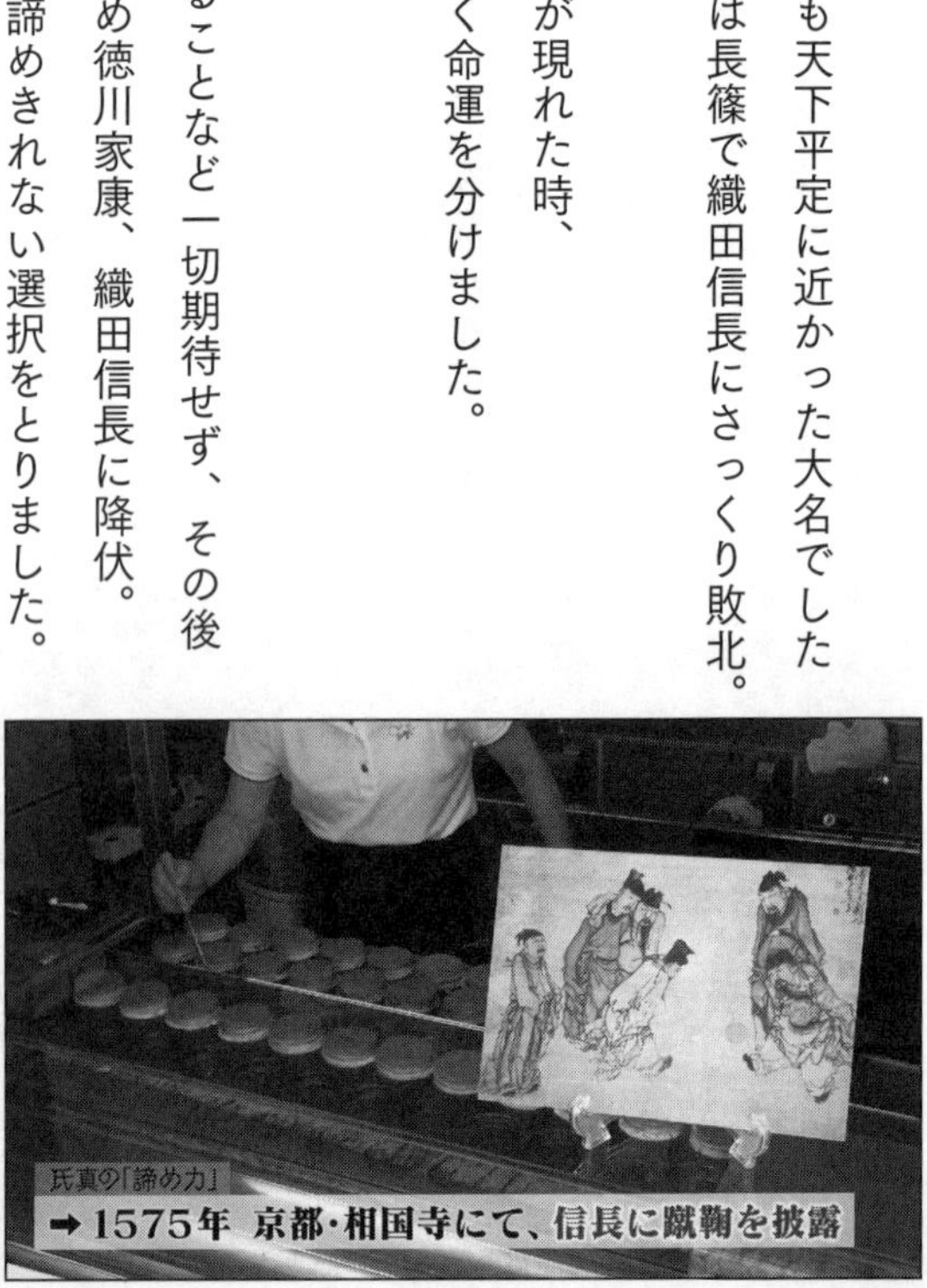

氏真の「諦め力」
➡1575年　京都・相国寺にて、信長に蹴鞠を披露

N　そのおかげで、氏真は最終的には、
徳川家康の親友として、幕府に仕えて趣味三昧。
76歳という、当時としては超長寿を全うし、
今川家は、徳川幕府以降も「高家」と呼ばれる
大大名並みの好待遇を受けて、繁栄します。

N　一方、武田勝頼は、長篠の戦い後も織田家へ徹底抗戦。
36歳で自害し、甲斐武田家は滅亡することとなりました。

N　今川家は、その後江戸時代を通して
260年以上の長きにわたり、高家として家名を存続。

N　幕末の江戸城開城に際しては、徳川慶喜が
なんとか抵抗を諦めている姿勢を朝廷に伝えようとする中、

信長、秀吉らより遥かに、長寿を全う
家康がウザがる程まったりした、趣味三昧のハッピーライフ

高家としては史上初めて、23代当主・範叙(のりのぶ)が
幕府の家臣のナンバー2・若年寄にまで上り詰め、
大いに先祖伝来の「諦める技術」で朝廷を説得。
勝海舟らとともに、江戸無血開城に尽力したと言われています。

N 桶狭間で培った、天下に名高い今川家の、その諦めの技術こそが
幕末日本の植民地化阻止、ひいては、今日の日本の繁栄を
もたらしたと言っても過言ではありません。

シーン⑦ **スタジオ**

秋元 今川焼きさん、
すがすがしいまでの諦めっぷりですね。

田村丸 貫禄の諦めっぷりです。

今川氏真は、日本史上最も諦めた戦国武将ともいわれていますが、
その徹底した諦めの哲学は、
彼の残した2種の和歌によく残っています。

秋元　「なかなかに　世を人をも恨むまじ
時にあはぬを身の科にして」
「悔しとも　うら山し共　思はねと
我世にかはる　世の姿かな」

田村丸　「世の中も、人も全く恨んでいない、
時代にあわなかったんだからしょーがないじゃん」
「織田や、豊臣、徳川を羨ましいとはまったく思わない。
自分はこんな平和な世の中で好き三昧
やってるんだから」という意味ですね。

登坂　芸術的な諦めっぷりですね。

田村丸　はい。日本は、これからかつてない時代に突入すると言われています。それは、人口の減少と経済力の相対的な低下です。

田村丸　かつては「海道一」といわれるほどの名家の武士でありながら、武士であることを徹底的に諦め、文化人として生きる決意をする。
今川焼きの諦めっぷりは、父の仇である信長の前で蹴鞠を披露するほどの、徹底ぶりでした。
まさに経済力が衰退してゆく可能性に直面する日本が、どのような道に進むべきかを大いに示唆する、諦めっぷりではないでしょうか。

（秋元　退屈で寝はじめる）

登坂　なるほど……

登坂　諦めの技術を学ぶには、こうした教科書に載っている事件の、
その少し先にある「落とし前」のつけ方を学ぶことが
大切なんですね。

田村丸　その通りです。
（向き直って）

田村丸　諦める技術、サマースクールは今回で最終回ですが、
この全6回での講義でとりあげた事例は、
かつての経済成長が確約された時代の日本においては、
諦めないことによる果実が約束され、
すべてがうやむやになっていたかもしれません。

田村丸　しかし、有史以来初めて、衰退しゆく可能性に直面したいまだからこそ、日本が、古来から最も得意としてきた「諦めの技術」を、もう一度真摯に、学びなおす必要があるのではないでしょうか。

登坂　セットに予算の半分以上を費やし、ＶＴＲのクオリティを諦めてお届けした『「人生を諦める技術」講座』。
また、どこかでお会いしましょう。
ご視聴、ありがとうございました。

（〇秋元　コメント途中で、だるそうに目覚めて）

秋元・田村丸　ありがとうございました。（礼）

という、内容でした。

これは、まずスタジオ全体がボケています。

大学教授（という設定のおじさん）と、元ＮＨＫのアナウンサーが、真顔で巨根の歴史をひもときながら、巨根に憧れる男性の悩み相談に真剣に答える、という構造です。

そのボケの構造と、下ネタを本気に解説するくだらなさを笑ってもらえるバラエティとして見てもらえればいいのです。

しかし裏には、言外のメッセージが込められています。

それは、

- 人口が減って衰退しゆく可能性のある日本の過度な右傾化の危険性
- そして、それをメディアが無批判に「マーケット」として捉える危険性

です。それを、自戒を込めて描きました。

メディアでも、よく**「日本礼讃」は数字を取れる**といわれます。

それは、事実です。いまテレビ業界には、多くの「日本礼讃番組」が存在しています。テレビだけではありません。書籍も同様です。

実はここが、メディアの怖いところです。年齢や趣味嗜好だけじゃなく「イデオロギー」もマーケティングの対象になり、コンテンツのターゲットになってしまうのです。

たしかに、日本は素晴らしい国ですし、ぼくはそもそもどちらかというと右翼です。

ですが、ニーズがあるからといって、それらがもたらす影響に無意識なままメディアがイデオロギーをターゲットの対象にすると、ろくなことがおこりません。

「日本がすばらしい〜」とい言い過ぎる麻薬に浸っている間に、深圳（しんせん）がとんでもない近未来都市になっているかもしれません。

「日本がすばらしい〜」と言い過ぎる麻薬に浸っている間に、大国にも戦争で勝てると真剣に思って、真珠湾あたりに奇襲をしかけてしまうかもしれません。

「売れるから」といって、イデオロギーをニーズと捉えてコンテンツを作り続けると、そのイデオロギーを先鋭化させてしまう危険性があると思うのです。

ぼく自身も『ダイエットJAPAN』という、どちらかというと日本をほめる番組をやっています。でも、だからこそ、作り手として無批判に日本を礼讃するだけの番組にするべきではないという自戒をこめて、工夫しようとこころがけていきたいと思います。そして、社会も、「日本礼讃番組」を観るのは、ぜんぜんいい。これは、本当にいいんです。日本は本当にすばらしい国なので。

ですが、それをあまりに無自覚に観すぎると、考えが先鋭化する危険性があるということを認識しながら観るのがいいんじゃないか、そう思うのです。

ですが！　ここ大切なとこです。もう、感じたはずです。

そんな話、誰も聞きたくないんです。

自分も、リラックスしてテレビ観てるのに、いきなりそんな話されたらチャンネル替えます。

バラエティなんだから、ゲラゲラ笑ってもらえばいい。でも、ちょっとだけ、深くテレビを観る人がいたとすれば、そのメッセージを読み取ってもらえればいい。そんな思いが、この『「人生を諦める技術」講座』の「裏テーマ」です。

でも、それに気づいてもらうことは、必要じゃないんです。「え？　巨根って、そんな歴史あったの？」と楽しんでもらえればいいんです。というか、**「秋元真夏の寝**

顔かわいいな」と思って観てもらえればいいんです。深く楽しみたい人だけ、秘められたメッセージに気づいてくれればいいんです。

これが、**「マルチターゲット」**の考え方です。

「リラックスして観たい人は、バラエティとして楽しめばいい」。でも、「深く観たい人は、さらに楽しめる」。こういう考えです。

テレビを観ている層には、さまざまな層がいます。

気分、所得、学歴、年齢……さまざまな人々がいます。

そのすべてに「差」があります。これが、「マス」であるということです。

「気分」だったら、たとえば「楽しめればいい！」というリラックス派と、「有益な情報を得たい」という勉強派。

「学歴」だったら、「中学校を出たばかり」という15歳の高校生と、「東大卒・マッキンゼーですがなにか？」という人もいる。

学歴が高いと一口に言ったって、法学部を出ている人と理学部を出てい

画像①

る人では、ジャンルごとにやはり前提となる知識のレベルは違うんです。所得でも、生活保護を受けている人から、年収1000万超えの人。ほんとにいろいろなんです。

でも、だから、わかりやすいものしか扱えない、テレビはレベルが低いメディアだという人がいますが、それは違うんです。

むしろ、その差があるから、だから、テレビはいいんです。

これは、ぼくがテレビというメディアを通じて実現していきたい価値、テレビの魅力そのものに関わるので、あとで詳述させてください。

とにかく、そんな、気分も、学歴も、所得も、年齢もいろんなものが異なるさまざま人、なるべく多くの人に観てもらうための方法が「マルチターゲット」戦略なのです。

たとえば、『家、ついて行ってイイですか?』のこの4つの画像を観てみてください。

画像①と②は、20歳のメイドさんの家について行った際の映像です。

このメイドさん、「自分の乳首はまるで8センチCDだ」と述べるなど、

画像②

明るくて、ただ「おもしろいな」「かわいいな」と思って観られるVTRでした。

画像②の本棚に関しては、特にふれることなく、そのメイドさんがしゃべっている音の中に、「インサート*」として入れ込んだものです。

* 「音」とは別の「画」を、しゃべっているシーンに挿入する技法

この本棚の持ち主であるメイドさんは、いまは10キロ痩せたが、昔は太っていて、それゆえに自分に自信が持てなかった。だから、あまり恋愛経験もなかった。なので自己肯定感が低く、承認欲求が強い。それゆえ、奇抜なことをして目立とうとして、高校も中退した。高校を中退することで自分のアイデンティティを確立したかったからだ、と言っていたのです。

そして、メイドをやっているのも、「人にチヤホヤされたいから」と述べていました。

このVTRは、深さでいうと、3つの異なるレベルのニーズを意識しています。

ニーズレベル①

「ただただ楽しみたい！」というニーズです。これが、エンターテインメント、特にテレビのバラエティに最も求められているニーズです。

だから、もうただただ、このキャラのいい子の「しゃべり」で楽しんでもらえればい

いんです。一生懸命、外で仕事をしてきたら、疲れて家でくらいリラックスしたい。誰だって、それが普通だと思います。

ニーズレベル②

しかし、もう少し深めにテレビを楽しみたいな、という気分の人もいるでしょう。この子の魅力は、乳首を8センチCDという奇抜な言葉遣いによる「笑い」と、「かわいさ」でしたが、それは彼女の過去の経験からきているものでした。

この人生ドラマを味わいたいな、というニーズがレベル②。

前段の「笑い」でこの子に、十分惹きつけられていれば、①のニーズでテレビを観に来てくれた人たちも、この②の話についてきてくれます。

ニーズレベル③

この本棚のインサート部分です。これは、もはや気づかなくていいんです。気づかなくていいように、①と②で、VTRとしてのクオリティーは十分なレベルに達しています。

しかし、「より深いものを味わいたい」と思っている気分、あるいは「読書が好きな人」のように、知的好奇心が旺盛な人だけが、少しだけ「あ。なるほど」と思ってもらえればいいシーンです。

本棚には、「酒鬼薔薇聖斗」*こと、元少年Aの『絶歌』という本が置いてありました。

この本に気づいた人、そしてそれに関する知識のある人なら、彼女が学生時代に感じた思いがどういうものだったか、その一端をより深く推測する手がかりでもあります。でも、何回もいいますが、このシーンは理解しなくても、まったく番組を味わうことに支障はないのです。

この3つのニーズを重層的に織り込んでおくのです。

「わかる人にだけわかる」は、エンターテインメントにおいて成立しません。客層を著しくしぼってしまうからです。**わかる人にだけわかるものも含まれている。でも、それは「わかりたくもない人」の鑑賞を邪魔しない。**

これが、「マルチターゲット力」です。

そして、望ましいのは、その深さのレベルがグラデーションのようになっていることです。レベル①を求めてきてくれたお客さんでも、「笑い」を生み出す理屈や「かわい

＊2名が死亡し、3名が重軽傷を負った神戸連続児童殺傷事件の犯人

いメイドさん」である理由がレベル②の人生ドラマとひもづいているならば、そのまま興味を持って見てもらえ、「ちょっと深い」と思ってもらえるでしょう。

さらに、レベル②の「人生ドラマを観たい」とこの番組に期待して、観に来てくれたお客さんなら、レベル③の『絶歌』に気づいてくれる方も一定数いるでしょう。その方たちには、より深く満足してもらえると思います。

このように、VTRの中に、何段階ものグラデーションになった「しかけ」が散りばめられてる。これが、「マルチターゲット」の手法です。

この段階は、レベル③まででやめる必要はありません。

『家、ついて行ってイイですか?』には、もっともっと深層に深層にさまざまな仕掛けがしてあります。

たとえば、「テロップ」だと、わかりやすいかもしれません。

画像③では、「濹西綺譚」という言葉を用いています。

これは、神田川が隅田川にそそぐ河口に、昔あった花街・柳橋の芸者と、深夜の浅草橋駅で恋におち、不忍池ほとりの精養軒でデートをして結ばれ

画像③

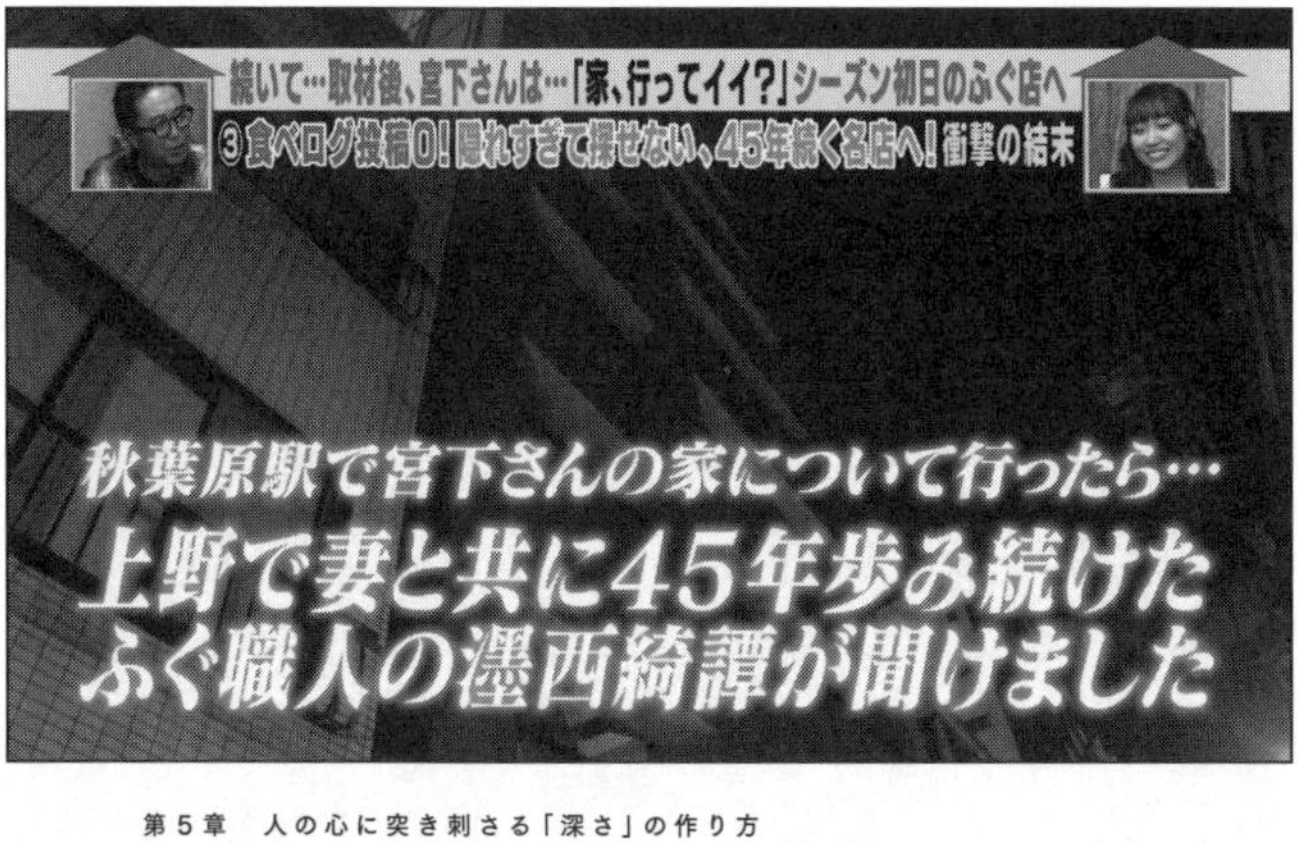

続いて…取材後、宮下さんは…「家、行ってイイ?」シーズン初日のふぐ店へ
③食べログ投稿0!隠れすぎて探せない、45年続く名店へ!衝撃の結末
秋葉原駅で宮下さんの家について行ったら…
上野で妻と共に45年歩み続けた
ふぐ職人の濹西綺譚が聞けました

て、夫婦二人三脚で40年以上上野のふぐ屋を営んできた男性の、妻への思いを描いたVTRでした。

その人生をひと言で表す雅称として、永井荷風の『濹東綺譚』をもじって、『濹西綺譚』と造語で表現したものです。

このVTRの方は、その思い出すべてを、すでになくなってしまったり、すっかり変わってしまった街並みとリンクして語るのが、印象的でした。その語り口が、永井荷風の『濹東綺譚』を思わせるのです。永井荷風は江戸の風情が消えゆく東京の街並みを描き、花街を愛した。そんな彼が隅田川東岸で描いた恋物語が『濹東綺譚』でした。

このVTRの舞台は、隅田川西岸でしたから、一文字もじって「濹西」としたのです。

これは、ほんの数秒という一瞬のテロップです。そして、その意味を知らなくてもわかるように、1行目で大体の説明はしてあります。というかVTRの締めなので、物語はすでに理解されています。

しかし、もし永井荷風の『濹東綺譚』を知っている人ならば、さらにVTRに込められた風情の意味を理解してもらえます。『絶歌』は、最近起こった事件に関する書籍ですし、新聞でも大きく報道された事件ですから、知ってる人は多い。なので「レベル

③」としました。そもそものレベルを求めてくる人たちの一部は、教科書にのっている永井荷風のイメージくらいなら持っているかもしれません。そうすると、そもそもレベル③を求めてきてくれた人でも、より「深く」味わってもらえるかもしれません。

事実、Twitterなどでは、番組を見て、「濹西綺譚」に反応してくれる方もいました。

次に、画像④の「土佐源氏」。

これは、もう「レベル⑤」や「レベル⑥」です。

「土佐源氏」は、民俗学者・宮本常一の『忘れられた日本人』に所収されている、昭和初期に、土佐の馬喰のおじいちゃんが昔の武勇伝を語った話を、口語文体でそのまま記した作品です。

この回でとりあげた65歳のおじいさんは、

「むかしはかなりモテた」

画像④

「正直言って1000人斬り」
「若い時は1日1回別の女性と寝た。日替わりですね。ランチですよ」
「初体験は小学校5年か6年。村の藁小屋で、女子高校生と」

などという「武勇伝」を語ってくれました。その様が「土佐源氏」を彷彿とさせたのです。

「土佐源氏」は、教科書レベルではないですが、岩波文庫に収められていますから、ひょっとしたら、もともと「レベル④」くらいを期待して観に来てくれたお客さんなら、一部この「レベル⑤」の、「このVTRは土佐源氏のように、現代の常識とは少し違う常識を生きた古老の武勇伝ですよ」、という意図を理解してくれるかもしれません。そうしたら、より深くVTRを味わってもらえるでしょう。

そしてそして。実は、この「土佐源氏」は、近年もともとは「エロ本」だったのではないかという指摘がなされたのです。「土佐源氏」よりさらにずっと前に書かれた、地下秘密出版の好色本（＝エロ本）、「土佐乞食のいろざんげ」に、ほぼそっくりの文章が掲載されていて、内容が「土佐源氏」よりさらに直接的、つまりエロいというんです＊。

井出幸男さんという高知大学の教授が、この馬喰さんがいたとされる村に聞き取り調査に行った。当時を知る人によると、そのモデルらしき人はたしかにいて、宮本常一さんはその人に話を聞いていた。しかし、ディテールは少し違いそうだと。

だとすると、ということになります。「土佐源氏」の話は、村の馬喰のモデルとなったおじいさんが語った昔話をエロ本向けにふくらませたものがベース。もしくは、その語ったおじいさんが、若干武勇伝として話を「盛った」可能性が考えられます。

画像④のおじいさんのお話は、むかしの女性に関する武勇伝でした。

それはひょっとしたら盛ってるかもしれない。

でも、「土佐源氏」は、たしかに成立はそうであっても、その「ストーリー」の文学的価値は、まったく毀損されるものではありません。このVTRのおじいさんの話も、オーラルヒストリーとして味わえばいいのか、文学として味わえばいいのか、その境界は極めて曖昧なものだな。

そして、もし「武勇伝」に対する「やや盛り」があったとしても、そもそも、心理学でいう「ドラマタイジング・エフェクト」、すなわち**人間は時間とともに、多少**

＊井出幸男『宮本常一と土佐源氏の真実』より

記憶が都合の良い方向に書き換えられていくものなのだから、すべての「インタビュー」や、記録は、そうした「時間補正」を意識しながら観る。それが、真のメディア・リテラシーだろうな。

でも、いまのメディア批評にはそういう視点があまりないよな。だから、日本にひとりでいいからこの「土佐源氏」に込めた意味に気づいてくれればいいな、という思いを込めて「土佐源氏」と表記しました。これがレベル⑥です。

これで完結です。

まぁ、**「日本でひとりくらい気づいてくれればいいか」というところまで仕掛けておけば、あらゆる層に「深い」と思ってもらえる**はずです。

ただ、グラデーション状にしておくことが、あらゆる層に番組を楽しんでもらうという意味では大切ですが。

こうすれば深さは、「倍率ドン」、さらに倍。累進的に深まっていきます。

これが、「マルチターゲット力」です。

でも、もう1回言います。

ここまで、考えて観なくて全然いいんです。まずは、笑って観て欲しいです。そして、できれば。その先にあるちょっとした人生ドラマを味わってもらえればいいんです。

その先は、もっともっと深く味わいたい人向けの「どうぞ御勝手にゾーン」です。

これをやる時は、大切なことなので何回も言いますが、それがわからないと先にすすめなかったり、わからないことが、フラストレーションになるような作りにしないことです。

前に述べた、

「ナメック星の最長老がクリリンの潜在能力を最大限まで引き出したように」

という表現は、『ドラゴンボール』の元ネタを知らなければダメな、「わからなくする表現」です。しかし、263ページで用いた、人は、「そんなに期待していなかったのに、見てみたら意外とよかった」という偶然性を好む傾向があります。

「出会おう」と必死になって出かけた合コンでの出会いより、毎回図書館で借りる本の図書カードにいつも同じ人物の名前が書かれていて、その人の名をたまたま別の場所で耳にすることになり、同じ学校に通っていたことに気づく、などという偶然の出会いに惹かれるのと似ています。

という表現は、おそらくこの元ネタが『耳をすませば』である、とわからなくても理解して読み進められると思います。

しかし、「ピン」とくる方は、「あ、こいつ『耳をすませば』好きか。中学時代モテなかったな。だから、この本みたいなことグジグジ考えてるんだな」、という「作者論」を、本書のメインストーリーとは別に味わうことができるでしょう。

いかに、こいつがキモいやつであるかという。暗い青春時代を送ってきた人物に特有の、自意識の発露というキモさをいくつかちりばめておいたので、気づいた方は、味わえたと思います。

一応、ここでピンと気づかなくてもわかるように、何回か『耳をすませば』というワードも、何回かこの本に登場させておきました。こうして「ピン」とくるヒントを散りばめる手段も有効です。

ずいぶん、この本に『耳をすませば』でてくるな、と思われたでしょうが、実はこの本には、意図的に2回以上同じ「作品」・「作者」を用いて、実例や比喩、形容詞としているものを、いくつか入れてあります（本来は1回でもいいのですが、違和感に気づいてもらえるように、2回入れておきました）。

それらを総合してみると、「語り手」の思考が、うっすら見えてきます。それらの作品を並べて観て、そこにひそむ共通項はあるのか、ないのか。あるならそれはなんなのか。

それに気づいていくのが「取材における観察」ですし、話の本線を邪魔しないように、編集で暗示し、気づけばより深く観られるようにしていくのが「マルチターゲット」法です。

『家、ついて行ってイイですか？』をはじめとした自分の番組にも、僕はこういう仕掛けをたくさんちりばめています。

そして、これがわかると、テレビはとても「深い」味わい方ができます。

すると、**「ちょっと深く」に気づいた方たちは、誰かに「教えてあげたく」なります。**

先ほどの『「人生を諦める技術」講座』は、**2回限定の深夜単発でしたが、オンエアが始まるとすぐにTwitterのトレンド入りし、大いにバズりました。**

テレビ以外の分野でも、自社のPRでも、web記事でも、より多くの方々に、見てもらう層を広げるために、そして「見てよかった」と思ってもらえる「受け手」がひとりでも多くなるように、この「マルチターゲット」は、とても有効だと思います。

でも、そういえば。

はじめは、やはり乃木坂46運営サイドも、相当難色を示しました。「巨根」の台本を初めて見たマネージャーさんは、あわてて電話をかけてきました。

「あの、高橋さん……いろいろあります。ほんとうにいろいろ……。うちの秋元は、この空間にはいられません……」

まぁ、そりゃそうですよね。でも、しっかり意図を説明し納得してもらい、「巨根」という言葉を言っている間は、その空間にはいないということで、手打ちになりました。

2回のオンエア後、そのマネージャーさんから電話がかかってきて、「とてもよかった。こちらとしては、ぜひ第2弾とかあればやりたい」とのことでした。

『家、ついて行ってイイですか?』にも、毎回いろいろな、「深く」観たい人向けのメッセージが、ほんのちょこっとだけこめられています。もし、ご興味のある方は、ちょっとだけ気にして観てみていただくと、もっと楽しく観られるかもしれません。

少なくとも、僕はそうしたテレビ作りをしたい。そう思っています。

補足

この「マルチターゲット力」は、観てもらう層を増やすというマーケティングの観点とは別の観点から、もう1つ大切な武器になります。それは、この手法は**「完全な表現の自由」を得る、唯一の手段**であるということです。

テレビも新聞も雑誌もフリージャーナリストでさえ、報道は、必ずしもすべてを自由に描けるわけではありません。何らかの利害関係にある以上、あたりまえのことです。

しかし、それを可能にするのが、この「マルチターゲット」の手法の1つである「寓喩」という手法です。まったく別のことを描いているように見せながら、実は他の何かを暗示する。先ほどの「巨根崇拝」が「日本礼讃主義」を暗示していたように。

これは、昔から文学や絵画で多く用いられてきた技法です。芥川龍之介の『枯野抄』は、松尾芭蕉の臨終に際し、まるで他人事のように過ごす弟子たちを描きました。

しかし、実はこれは、芥川龍之介と同時代に生き、敬愛していた夏目漱石とその弟子を寓喩したものだともいわれています。同時代であるがゆえに、描きにくいことに加え、権力に対しての完全な表現の自由としても、使われてきました。

江戸時代中期の画家、英一蝶（はなぶさいっちょう）の『朝妻舟図』は、「柳」から旅立つ「遊女」

を描いた絵ですが、一説に柳は当時の将軍綱吉のお気に入りの側近・柳沢吉保を、「遊女」は吉保の娘を描いていると言われ、柳沢吉保が自分の娘を徳川綱吉に差し出して、寵愛を受けていたことをイジッた作品だと言われています。

江戸時代は、**お上を批判するような表現は一切禁止されていましたから、このような手法をとるしかなかった**わけです。

これは、幕末の上野戦争を描いた図が、「本能寺の変」の図と題されているように、明治以後も続き、徐々にゆるくはなってきているものの、現在まで続いています。

ですから、人間関係という利害関係や、正論を正面切って言えない空気や、権力への懸念に一切とらわれない、すべてから自由な「完全なる表現の自由」は、実は報道ではなく、バカなふりしてこっそりイジるバラエティの中にしか存在しないかもしれません。

しかし、この『完全なる』表現の自由」が機能するには、ある程度、「受け手」の側の慣れも必要です。そして、この**暗黙の相互理解を築くことができれば、なんらかの「非常事態」の時に、強力な武器になる**のです。

ぜひ、本書を手にとっていただいた方には、そんな意識も持ってテレビや文章を楽しんでいただけたら、将来戦争にならないんじゃないかと思います。

29

自分の欲望肯定力

「ほどよく狂う」が人を惹きつける

おつかれさまでした。「マルチターゲット」の話、異常に長かったと思います。

ここまで読んできた皆さまは、もはやお気づきなのではないでしょうか。

深く人に刺さるコンテンツ作りとは、「どこか狂ってる」と。

深く「いい」と言われものは、たいてい、どこか狂ってます。

宮崎駿は、1作品の映画を仕上げるのに、自ら1000枚以上のコンテを書き、おかげで1作品終わるごとに「引退宣言」。自ら、1作品作り終えると、「自律神経が乱れてしょうがない」と述べていると紹介しました（宮崎駿『風の帰る場所』）。

おそらくこれは、完全に本心なのでしょう。全神経を、1作品ごとに投入しているのだと思います。『風立ちぬ』では、関東大震災の混乱の中、群衆が行き交う**わずか4秒のシーンに、1年3か月**かけています。完全に狂ってます。

また、黒澤明のスクリプター*を務めた野上照代の著書に、『天気待ち』という著書があります。黒澤明は、自分の理想の天気がくるまで、徹底的に撮影をただ止めて待ったという伝説を持ちます。完全に狂ってます。

新海誠の出世作と言ってもいい、『秒速5センチメートル』。

そのエンドロールを見てください。


この項は…

- 自分にしか作れない企画・コンテンツを作りたい
- PR・営業 etc で、「人間のヤバさ」と本気で向き合いたい
- 「自分がいる意味」を仕事において追求したい

人におすすめ

監督・脚本・原作・絵コンテ・演出・キャラクター原案・美術監督・色彩設計・撮影・編集・3DCGワーク・音響監督＝新海誠

狂ってます。狂いすぎてて衝撃で、ぼくは、まったく普段の業務と関係ないのに「これを地上波で放送させてください！」と気づいたらお願いしに行ってました。まだ、『君の名は。』の前の作品の公開前という時です。ですから、地上波で『秒速5センチメートル』ほか、新海誠作品を初めてオンエアしたのは、テレビ東京なんです。

映画の後ろで放送するために、完全に趣味で新海監督に実際インタビューしたんですが、鬼のこだわりでした。『秒速5センチメートル』は、ざっくり言うと男女の恋愛物語なんですが、年代ごとに、男女のどちらが前を歩いて後ろを歩いているのかが違う。男性が前を歩いてる時は、恋愛のパワーバランスとして女性が男性を追っている時。女性が前を歩いている時は、男性が女性を追いかけている時、と描きわけているそうです。

ヤバい人ですね。

＊スクリプターとは、映画の撮影現場において、撮影したシーンの内容や、それらの尺を記録する職種。

でも、想像してみてください。

たとえば、あなたが駅で電車を待っていたとします。いきなり、大声を出して踊り始める、狂った人がいたら、やはり目が釘付けになってしまいますよね。

人が狂った姿には、確かに人をひきつける魅力があるのです。だから**古来、狂った、もしくは狂ったふりをした人物は、日本各地で「神」として祀られてきた**わけですし、宮崎駿はアニメの神様、黒澤明は映画の神様なのです。

しかし我々は、この人たちみたいに狂う必要はありません。

というか、この人たちみたいに狂ってはいけません。

この人たちは、本当の天才ですから。放っておいてください。

我々に必要なのは、「ほどよく狂う技術」です。

これは誰にでもできる、しかしものづくりにおいて、とても大切な技法です。

では、「狂う」とはどういうことなのか。実は、人が「なんか狂ってんな」と思う「狂気」は、からみあう2つの要素で構成されているのです。

- **熱量**
- **欲望**

の、2つです。

まずは、とてつもない「熱量」。これに関して、ほどよいとはどういうことか。それは、「可能な限り」の中での勝負であるということ。そのための武器として、「時間のバランス崩壊力」という1つの方法を、本書で示しました。

では、時間のバランスを崩壊させて時間を捻出したとして、その時間を仕事での成長のためにまわしたいな、と思うための「動機」はなんなんでしょう。

それこそ、狂気のもう1つの構成要素である「欲望」なのです。

つまり、熱量をかけられる「自分のやりたい企画」を実現させる。

あるいは、熱量のかけられる「自分のやりたい仕事」を発見するということです。

一見難しそうに思えますが、実は超簡単です。ポイントは「昇華」です。

(1)自らの欲望を肯定する

(2)そして、その欲望を昇華する

実は、自分の欲望には、「自分がやりたいこと」であるという「エゴイズム」の側面と、「他人も実はやりたいこと」の本質が含まれている可能性があるという「ニーズの卵」としての側面があります。

前者の「自分がやりたい」という側面は、熱量を支えるガソリンになります。そして後者の「他人もやりたいこと」こそが「自分のやりたいこと」を企画に落とし込むための手がかりなのですが、これは「自分の欲望そのまま」ではダメなんです。

それを「昇華」させる必要がある。

この「欲望の昇華」が、この項でいう、「欲望肯定力」です。

では、その「欲望肯定力」とは何か。

実際の『家、ついて行ってイイですか?』の2つの企画書をご覧いただきながら、実際に欲望を肯定していく過程を体験してもらえれば、と思います。

『家、ついて行ってイイですか?』には、僕の3つの「超・中・下」の欲望が込められています。

まずは、一番はじめの企画書をご覧ください。

【30分スペシャル番組企画】

夜のお父さんたちに懇願するバラエティ

奥さん見せてください

（仮タイトル）

「この世で一番美しいのは無防備の人妻である」

そんなスローガンのもと、新橋、丸の内、新宿…など
仕事終わりのサラリーマンで溢れる街で

「アナタの奥さん見せてください」とお願い！

そして、許可を頂いた旦那さんの帰宅に同行する中で…

▽美人なのか、はたまた不美人なのか…？
▽セクシーなのか、それとも素朴な感じなのか…？
▽寝間着はどんな格好なのか…？

旦那さんの姿からまだ見ぬ奥さんの姿を妄想しつつ、
いざ、玄関の前へ。
果たして、扉の向こうからどんな女性が姿を現すのか？

ここまで来たら、ザッピングはまず不可能！

テレビ界に未だかつてありそうでなかった
シンプルかつ淫靡な人妻カタログが誕生します！

【番組概要】

■放送形式：ロケＶＴＲ＋ＶＴＲを見る簡易的な空間構成

■キャスト：●人妻の登場をドキドキしながらＶＴＲを楽しむ
人妻ウォッチャーとしてタレント１組

●交渉＆帰宅に同行するスタッフ

もう現在の形とほど遠い、欲求不満の時に書いたとしか思えない、完全にＡＶの企画書です。でもこれでいいんです。その時、本当に「深夜のすっぴんの人妻」を見てみたいなぁ、って思ったんです。これを一度企画書にしちゃう。で、ボコられちゃえばいいんだと思います。

でもいくら、ぼくがそういう番組をやりたいからと言って、こんな変態な企画を通すほど、テレビ東京もイカれてるわけではありません。

「これでは、数字がとれない」

たしかに、「女性のエロ」は、男性の数字はとれても、女性の数字がついてこないので、そもそも「半分の土俵」でスタートする大きなハンデを背負います。

また、この頃には、もうネットに過激な画像がたくさんあふれ始めていましたから、テレビが中途半端なセクシーで数字をとれる時代ではなくなってきていました。

あと、「やばすぎる」と言われました。

まあ、言われなくてもわかっていました。

なので、ここからこれを改善していくわけです。ここからの過程が「昇華」です。

たしかに、「すっぴんの人妻」も見たいんですが、ぼくはそもそも、なんですっぴんの人妻を見たいんだろうか。

なぜ、すっぴんの人妻を見たら、ワクワクすると思ったんだろう……。

たしかに、ちょっとエロい下心もあったかもしれませんが、それが第一ではなかった気がします。その深層にあるのはなんだろう……。考えると、そのワクワクポイント、それは**無防備な「深夜のプライベート空間」**です。

そして、僕はもともと、不動産に興味がありました。

そして、視聴者にとっても、「衣食住」という言葉があるように、不動産には潜在的なニーズがあります。

そこで、次に書いた企画書は、こんな形でした。

スペシャル番組企画書

真夜中の一般人宅訪問ドキュメント

家、ついて行ってイイですか？

（仮タイトル）

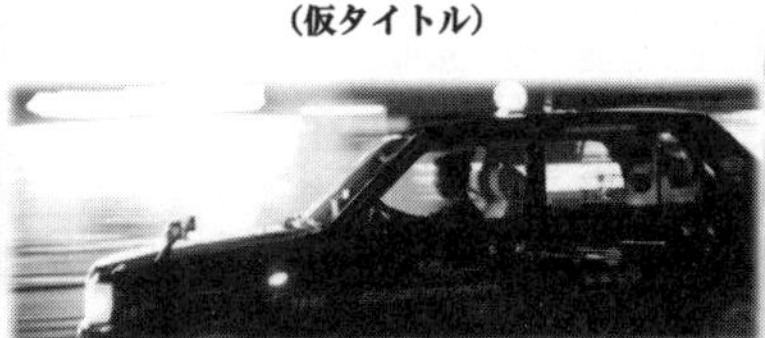

制作局 高橋弘樹

企画意図 / Concept

新橋、新宿、六本木のような繁華街
あるいは
中央林間、三鷹、津田沼のような終点駅…
そこには毎夜、終電を逃し途方に暮れている人々が大量に！

そんな行き場を失くした帰宅難民に
番組は救いの手を差し伸べます。
ある条件と引き換えに…

タクシー代を出しますので…

「家、ついて行ってイイですか？」

2

この番組は、このような入口をもってして、
「市井の一般の方」の家庭を訪問&潜入する、完全素人ガチバラエティ

終電を逃した人たちはみな何かしらの
事情があっての事…そのわけは？
どんな人に声をかけ、誰が承諾してくれるのかのワクワク感
人を招く準備をしていない、一般の方の家を不意打ちするドキドキ感
そこを、見せていく演出を突き詰めていきます。

新橋、池袋、東京、中目黒、新宿、銀座…
終電を逃す人の特性、住まいも街によって違うはず！

前代未聞！
真夜中の一般人宅訪問ドキュメントが誕生します。

3

終電後の駅前で、家路につくためのタクシー代をカンパする代わりに
家に入れてもらい、その人の生活ぶりを、その場で見る訪問取材ロケバラエティ！
番組は以下のような流れで展開していきます。

①終電後の駅前でロケをスタート

終電がなくなり、行き交う人々も少なくなった駅周辺。
行き場を失くした人々に声をかけていきます。

「何をされているんですか？」
「タクシー代を出しますので…
　家、ついてっていいですか？」

終電を逃した人々とはどんな人物なのか？
イヤなこと？嬉しいこと？悲しいこと？
その日はきっとよほどの何かがあったに違いない…

4

終電逃すほど深酒した理由をぜひ掘りさげたい…
そしてそんな人の生活ぶりも見てみたい！

誰に声をかけるのか？企画に同意してくれるのか？
そのドキドキ感も番組の見どころの一つです。

②タクシー車中はインタビュータイム

そして、「家までついていっていい」と承諾した相手と共に
タクシーでその方の自宅まで同行。
その車中でも「職業」や「家族構成」「家庭での悩み」などを聞き
プライベートを掘り下げていくことで、
その人の自宅を見ることへの期待感を高めていきます。

5

③いざ、お家に到着！

こんな時間にまさか他人がやってくるとは
夢にも思っていない想定していなかった妻や家族たちが
当然、部屋を片付けているわけもなく
部屋はまるで無防備な状態！
しかし、それこそが番組的に一番見せたい「リアル」！

綺麗に整った部屋もあれば、乱雑な部屋もあり…
人様に見られちゃ恥ずかしいものが転がっていたり…

「他人の部屋をのぞき見たい興味」を刺激します！

訪れた家には、化粧っけの無い人妻がいるかもしれません。
築４０年のボロ屋の可能性もあれば、台場のタワーマンションかもしれません。
戸建か団地か平屋か地下室ありか…
タクシー代をあげたので、徹底的に家の中を拝見させていただきます。

6

家に行く目的は1つ！
「一般人の家を覗きみたい！」という潜在的願望！
スタッフは仕込みもリサーチも一切しません！

・「人の家をガチで見る！」ワクワク感
・「その場でついていく」というガチのドキドキ感

終電を逃し、夜の街を彷徨う人々・・・
そんな人々の家に、ガチでついていくと
そこには想像もつかない、"素"の生活から垣間見えてくる
誰にでも、その人なりの「人生ドラマ」がある！！

7

「フツーに街を歩いてる人の、フツーじゃ片付けられない素敵な人生」
を魅力的に描く！

真夜中の一般人宅訪問ドキュメント
是非、ご期待下さい！

＜企画概要＞
放送時間：　月曜日23:58～24:45（2014年1月の4回）
番組形式：　ロケ（＋スタジオ収録）
MC：未定

8

という感じです。

かなり、現在の形に近いものになっています。

ここから、ロケをしながら、第1章で描いたような、「即興のドキュメンタリー」として演出方法を定めていき、第2章と第3章で描いたような、「ストーリー作りのフォーマット」を試行錯誤しながら決めていくことになり、現在の形になります。

「すっぴんの人妻が見たい」という**自分の欲望を、会社や、あるいは社会が求めるものとすりあわせながら、企画に昇華していく**過程。

それこそ狂ったように情熱を傾けられる、「自分がやりたい企画作り」であり、「欲望肯定力」なのです。

こうして作られた企画こそ、作り手の欲望に裏打ちされた「深さ」が生まれる、「最高の企画」なのではないかと思います。

この過程を図説すると、こういうことになります。

ページをめくってみてください。

自分のやりたいこと「A」が、どうしたら消費者のニーズ「C」に合致するか考える。その上で、それをどうしたら会社の強み「B」を生かしたものにできるかを考える。これが、組織の中で狂った情熱を傾けられる「最高の企画」作りだと思います。

A＝「自分のやりたいこと」だけでは、消費者を想定したエンターテインメントになりません。それは自己満足であり、芸術にすぎません。

C＝「ニーズ」だけを見た企画では、個性がなく何のおもしろみもない企画になってしまいます。

B＝「会社の強み」だけでは、世間のニーズからズレた、内輪だけで満足する寒い企画になってしまいます。

BとCを満たしていれば、それは番組（＝製品）としては成立します。しかし、より人に「深く」ささるコンテンツは、そこにAが乗っかった形。それが最高の企画だと思います。

そしてこのAを企画で打ち出すコツは2つあります。

(1)「元の欲望→昇華させた欲望」という生成過程を経ること

(2) しかし、昇華しすぎないこと

元のままの欲望だと、あまりに生々しかったり、受け入れてもらえる層が少ない。消費者のある程度の範囲が受け入れられるものに昇華させる必要があるのです。

たとえば、「人妻見たい」だと、そもそも女性の一部は興味を持てません。でも、その「欲望」をやや抽象化

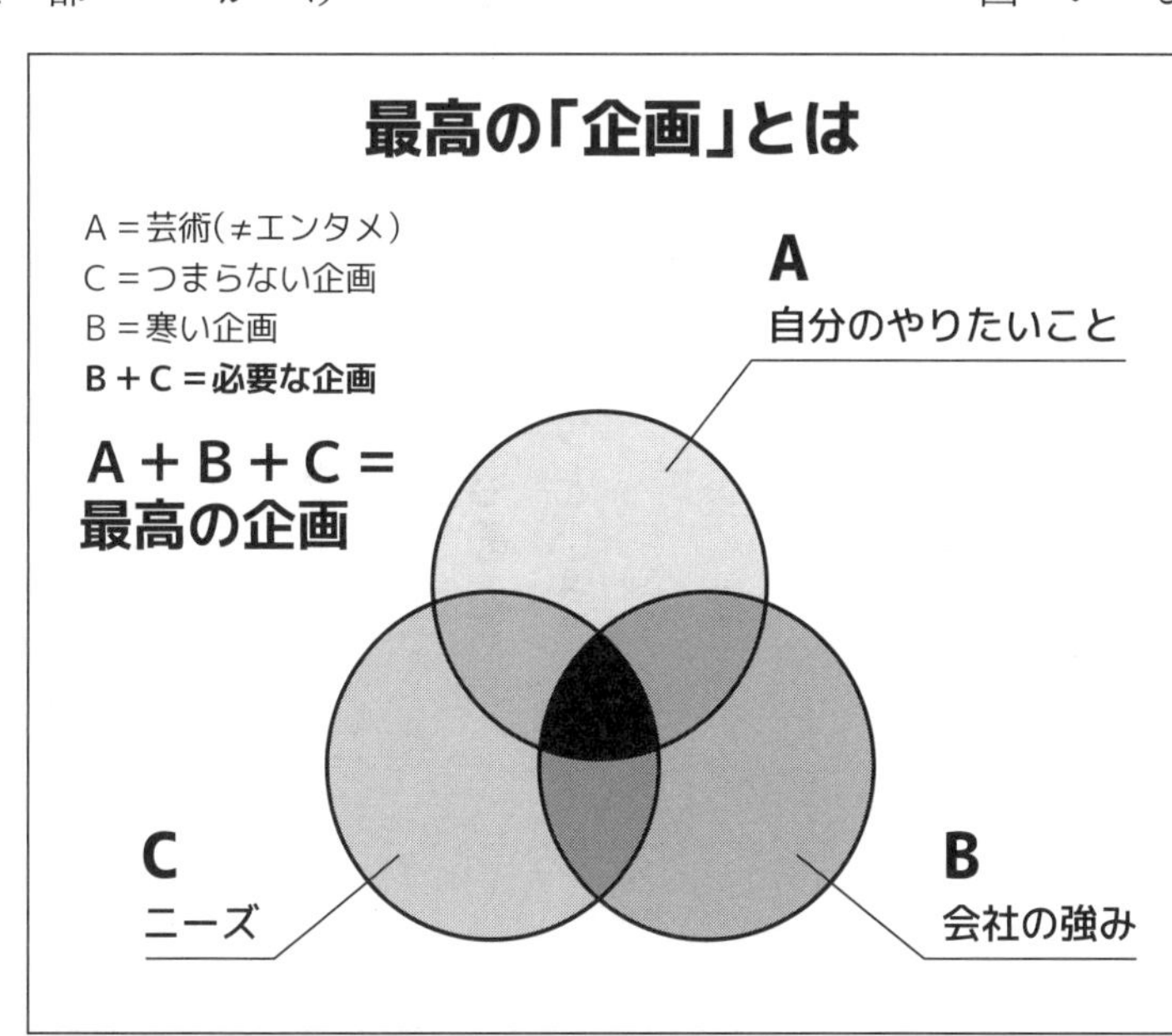

最高の企画の考え方

させて、その中の大きな部分であった「人のプライベート覗き見したい」なら、より大きな層に興味を持ってもらえます。

この昇華された「欲望」は、自分が情熱を傾けるガソリンとしてだけでなく、視聴者のニーズの源にもなります。

これが、共通の興味を持ったインナーサークルだけでなく、より大きな範囲の人々に興味を持ってもらうコツです。

テレビならマスに向けて番組を作るということ。**商品のPRなら、そもそもその商品に興味があるという既存の顧客の外に、見てもらうということ**です。

ここまでを整理すると、

A＝人のプライベートを覗き見したい

C＝不動産というジャンル、さらにA（昇華された欲望）に対する共感それでは、Bの「会社の強み」は何かということですが、テレ東の場合ほとんどありません。だからこそ、第1章で述べたように、弱みを転じて強みにしていくしかないのです。「全部ひとり力」で身につけたロケ技術や、「バランス崩壊力」による「見たことない世界観を作る」という技術です。

これで、だいたい企画作りの指針は固まります。

しかし、Aの「欲望」に関してもう一つ大切なのが(2)。「深く」ささってほしいなら、昇華させすぎてはいけないんです。

欲望を昇華させると、ツルツルでなんのおもしろみもない、つまらないものになってしまいます。**「あ、ちょっとヤバいな」と思うところくらいで止めておく**のがコツです。

・深夜の人妻見たい　　（ヤバすぎ）　　＝下
・人の生活覗き見したい　（ちょっとヤバい）＝中
・ライフスタイルを知りたい（聖人君子）　　＝上

どうでしょう。ライフスタイルは知りたくても、ちょっと企画がツルツルすぎて心がザワつきません。この欲望は、確かに視聴者にもあると思います。そして、より「広く」なったとは思います。

しかし、この「ライフスタイルを知りたい」欲望が突き刺さる「深さ」という意味でいうと、「人の生活を覗き見る」という少し生の「ヤバさ」を残したほうが、人の心に深いインパクトを残します。

ステーキでいうとミディアムレアでしょうか。肉を完全なレアで食べたら人間は腹を壊します。でも、ウェルダンすぎても本来の肉の風味を損ないます。欲望の程よい、ミディアムレア。これが、「深く」ささる企画だと思います。

ここまでが、先ほど述べた「欲望」の「超・中・下」でいったら、「下」＝「人妻みたい」、と「中」＝「プライベート覗き見したい」です。

そして、ここからは、(1)と(2)を行ったあとの、Ａに関しての最後の作業。「超」の欲望を加えるということです。

この「超」は、今回の企画の中での欲望の下世話度である「上・中・下」を超越した欲望のこと。

(1)「元の欲望→昇華させた欲望」という生成過程を経る

(2) しかし、昇華しすぎない

(3) 仕事（＝コンテンツ）を通じて実現したい価値

この(3)を、最後のスパイスとしてブチこむということです。

僕の場合、これこそが、428ページで、

テレビを観ている層には、さまざまな層がいます。

気分、所得、学歴、年齢……さまざまな人々がいます。

そのすべてに「差」があります。これが、「マス」であるということです。

「気分」だったら、たとえば「楽しめればいいい！」というリラックス派と、「有益な情報を得たい」という勉強派。

「学歴」だったら、「中学校を出たばかり」という15歳の高校生と、「東大卒・マッキンゼーですがなにか?」という人もいる。

学歴が高いと一口に言ったって、法学部を出ている人と理学部を出ている人では、ジャンルごとにやはり前提となる知識のレベルは違うんです。

所得でも、生活保護を受けている人から、年収1000万超えの人。ほんとにいろいろなんです。

だから、わかりやすいものしか扱えない、テレビはレベルが低いメディアだという人がいますが、それは違うんです。

むしろ、その差があるから、だから、テレビはいいんです。

これは、ぼくがテレビというメディアを通じて実現していきたい価値、テレビの魅力そのものに関わるので、あとで詳述させてください。


と、述べた理由そのものです。

僕が入社以来、テレビというメディアを通じて実現していきたい価値。

テレビで働く理由そのものですが、それは、

①「困難にある人」を励ますメディアでありたい

②日陰にあるものの魅力、ささやかな生活の中にある魅力を描きたい

③観た人の、特に若い人の、行動するきっかけになるメディアでありたい

という3点です。

この3つは、自分のテレビ体験そのものなのです。

逆境、楽しんだもん勝ち説

不幸LOVE力

30

前項からの続きです。

①「困難にある人」を励ますメディアでありたい

これは、自分が**大学4年の時に、江戸川区・小岩の強制収容所に入れられた**経験から来ています。

いや、犯罪も犯してないのに、身柄を拘束する強制収容所なんてあるんかい、って話なんですが、あったんですよ、日本で唯一、犯罪や警察沙汰以外で、行政が事実上身体の自由を奪って市民を監禁できる法律が。

それは、**「結核予防法*」**です。もう少し前までは「らい予防法」と「結核予防法」の2つだったんですが、癩（ハンセン病）は、日常生活で感染しないことがわかってきて、結核患者だけが、強制的に入院させられることになってしまいました。

まあ、それ自体はしょうがないです。伝染ルンですから。

いまとなっては、本当に結核なんて、命にかかわるワケではないですし、日常生活でそんなもん1ミリも思い出しませんし、むしろこうやって本のネタにできてラッキーく

この項は…

- 圧倒的に「心に響く」コンテンツ・企画を作りたい
- PR・営業 etc で、人を感動させたい
- 「芸術やエンターテインメントがなぜ存在するか？」を知りたい

人におすすめ

らいにしか思いません。

正岡子規や、それこそ宮崎駿の『風立ちぬ』のおかげで、オシャレなんじゃないかくらいにさえ思ってます。

でも、20歳という年齢の時は、けっこう、精神的にキツかった覚えがあります。結核の何がキツイって、あの病気独特の「疎外感」からくる「自己否定感」だと思います。診断からかなりの速度で隔離され、家族も親しい友人もうつってるかもしれないということで謎の注射を打たれて検査されて、「使ってた食器とかは捨てときますか……」って感じなのです。

もし本書から、キモさに対するやや過敏な反応を感じたとしたら、それはモテない中高時代の非リア経験と、この隔離経験のトラウマの残り香だと思います。

隔離病棟に入れらると外出禁止。面会も、なんかナウシカみたいな、「シュコー、シュコー」って音が出そうな特殊なマスクしてもらってするわけです。もう、申し訳ないので、来ないで大丈夫です、と言いたくなる感じです。

元患者の特権で、あえて当時思ったことをそのまま言いますが、たとえると、バイ菌になった気分です。伝染しちゃ申し訳ないな、と。20歳ですから、まだ恋愛したい盛り

＊2007年、感染症法へ統合。

なのに、自分はバイ菌ですから、当然キスもできません。外出できないから何もできない。恋愛もできない。好きなメシも食えない。

でも、そんな時、けっこう心の支えになったのが、テレビでした。

NHKでやってた大河ドラマが、たしか『武蔵』で、当時はまだ人生経験の浅いアホでしたから、市川新之助演じる武蔵が根拠なく「俺は、強い」とかいうと、励まされたんです。その時の原体験が、テレビを意識したきっかけでした。

外出もできず、恋愛もできず、好きなメシも食えない状況で、人を励ませるなんて、イカしてるじゃないですか。最高にロックじゃないですか？　ロック聴かないですけど。

だからテレビを作る上で、常に「困難にある人を励ますメディアでありたい」という視点を、いつも、うっすら持っています。

もちろん、それを前面に押し出しては辛気臭いから、毎回じゃない。それも強烈にではない。でも、ほんのふとした瞬間にそう思っているような世界観作りをしたいな、とはいつも思っています。

でも、ほんとうにショボい人生経験しかなかった当時は、プライベートでもマジで偏見の目で見られるんじゃないかとか、就活でも健康診断でバレたら落とされるんじゃないかとかビクビクしてました。

入社試験でも一切そのことは話しませんでしたし、入社してからも数年は、そんなにオープンにしてきませんでした。

ですから、志望動機では、そんな本来の志望動機は一切あかさず、「明智光秀のドラマを作りたい」と言っていました。一般には「逆賊」と言われている光秀ですが、ほんとうにそうなのか、光秀の魅力の面に光を当ててみたい。そして、どうして本能寺の変を起こしたのか、動機を光秀に寄り添って考えてみたい。

逆境にある人や困難をかかえた人がどんな気持ちなのか。そして、もし何か行動を起こすとしたら、そこにはどんな動機があるのか、そこに寄り添ってみたい、という趣旨のことを述べていました。

本書の「東野圭吾力」でも述べたことですが、だから、これは筋金入りなんだと思います。

そしていま考えれば、この「バイ菌↓明智光秀」という志望動機の昇華も「企画」における、欲望の昇華な気がします。

② 日陰にあるものの魅力、ささやかな生活にある魅力を描きたい

しかし、です。

さぞ、たいそうな経験だったかのような思わせぶりな口調で書きましたが、しょせん結核ですから。重症でなければ死ぬわけではありません。だから、隔離病棟での生活が、すぐ楽しくなってきたんです。

まず、病棟がみな隔離された「仲間」ですから、すぐ仲良くなります。

30代の人もいれば、50代の人もいる。

入ってきてすぐの人もいれば、禁止されてるアルコールを飲みまくって治す気がない古株の人もいる。職業も人生経験もさまざまでした。

フィリピンで拳銃を売っていたという、たしかハラグチと名乗る謎のおじいさんもいました。普段会うことのない、そして会っても時間を深く共有することなんてない、そんな人たちの半生を聞くのが、まず、とても楽しかったと記憶しています。

日常生活も、朝6時に起きて、ご飯を食べてまた二度寝して。天気が良ければ庭に出て、病棟で飼っていたパリという猫とみんなで遊んで、「昼飯なんだっけねー」なんて

いう話をしているうちに時間が過ぎて、昼飯食って、昼寝して。

夕方も庭でパリと遊んで「夕飯なんだっけねー」と話してるウチに、夕飯になる。

その後は、共同部屋の病室でナイターを観る。

毎日ご飯がほんとうに楽しみで、美味しかった記憶があります。

また、病院は新中川のほとりにあったのですが、土手を楽しそうに歩く学生のほんとうにフツーの光景が、めちゃくちゃキラキラ眩しく見えたのを覚えています。

自由の身になったいま、六本木でガラス張りの喫茶店から見る、外の欅坂のイルミネーションや、楽しそうに歩くカップル以上に。

病院内のささやかな日常が輝いて見え、そして病院外の、いまは手の届かない、しかし外にいる人にとってはどうってことない普通の日常が、異常に輝いて見えた記憶があります。

フツーの人の、フツーの生活にある、フツーじゃ片づけられない、ほんとうの魅力。

これは、まさに、『家、ついて行ってイイですか?』の企画書で実現した、企画の意図そのものです。

夜中にトイレに行った時、大量に飲む薬のせいで尿が真っ赤なのにゾッとするのと、頻繁に血をぬかれるのがイヤなくらいで、それ以外の生活が楽しくなってきたんです。

結核のヤバさ、つまり菌が強くて死ぬ可能性の高さを表す用語に「ガフキー」というのがあるんですが、入院してすぐはみんな気分が凹んでても、いつの間にか「ガフキーが高い人がすごい」みたいになる。そして、それで遊ぶ。

「モリさん、ガフキー10らしいよ、すげー。おれ1だわ」みたいな。ガフキーが強い人は、牢名主みたいにベテラン感があるんです。でも、たまにうっかり死んじゃうから、怖いんですけど。

人間は、どんな逆境の中にでも、遊びや楽しみって見いだせるものなんだと思いました。逆境の中にあって、それでも人は楽しみや幸福を見つけ、人生を楽しめる。

これは、まさに『家、ついて行ってイイですか?』のテーマそのものです。

こうした原体験が、おそらく番組作りに役立っています。

病気したのは、ラッキーでした。

ですから、ものづくりにおいて大切なのは「不幸すら愛する力」。逆境さえ楽しむ力です。これは本来人間に、自然に備わっているものだと思います。結核病棟の人、みんな楽しそうでしたから。

別に、病気だけが不幸なワケではありません。

失恋もそうです。

毎日やらされてるクソつまんないと思っている仕事もそうです。

不幸の大小はあまり関係ありません。

いかに、敏感になってそれを観察できるかが大切です。

漢詩のところでお話しした李白を評した杜甫の言葉に「文章憎命達」（文章は命の達するを憎む）という表現があります（杜甫『天末懐李白』）。

「李白の詩が素晴らしいのは、不幸だからだ」
「ものづくりに携わる人は、不幸を愛せねばならない」

というような意味です。

李白は、日常のほんの些細な中に「魅力」を見出す天才でした。

前述の『静夜思』です。

牀前看月光　　牀前　月光を看る
疑是地上霜　　疑うらくは是れ地上の霜かと
挙頭望山月　　頭を挙げて山月を望み
低頭思故郷　　頭を低れて故郷を思う

ベッドの前に差し込む月光を見るだけで、故郷を思って泣きそうになっています。

『月下独酌』という詩では、

花間一壷酒　　花間　一壷の酒
独酌無相親　　独り酌みて相ひ親しむもの無し
挙杯邀明月　　杯を挙げて明月を邀(むか)え

対影成三人　影に対して三人と成る
月既不解飲　月既に飲むを解せず
影徒随我身　影徒(いたづ)らに我身に随(したが)ふ
暫伴月将影　暫く月と影とを伴って
行樂須及春　行樂須く春に及ぶべし
我歌月徘徊　我歌えば月徘徊し
我舞影零乱　我舞えば影零乱(りょうらん)す
醒時同交歓　醒むる時同(とも)に交歓し
酔后各分散　酔いて後各々分散す
永結無情遊　永く無情の遊を結び
相期邈雲漢　相ひ期す　邈(はる)かなる雲漢に

これは、『キャプテン翼』の「ボールは友だち」にさかのぼること1300年以上も前に、「月は友だち」、「影は友だち」と高らかに宣言した、「孤独LOVE業界」における記念碑的金字塔ともいうべき名言です。

この詩は、一切なにも起きてません。登場人物も自分だけ。本当に、「たんなるひとり飲みの、ちょっとした寂しさ」という究極に些細な日常を描いているだけです。でも李白にかかると、ひとり飲みが寂しいから、月と、月が照らし出す自分の影を交えて3人飲みだ。月が時間とともに公転するのを、自分が歌えば、月が拍子をとって体をゆらすと感じとる。自分が動いて影も動くだけなのに、自分が舞えば、影も舞ってくれる、とご満悦。

そして、酔って散会。「永遠の友情を結ぼう」と言います。

これはもう、褒め言葉ですが、変態の域です。

ここまで行くと、天才か、覚せい剤の使用が疑われるレベルです。

李白の場合は、天才ではあるのですが、そのベッドの光や、ひとり飲みにさえ、超絶な魅力を感じ取る「敏感体質」を支えるものが、やはり「不幸ＬＯＶＥ力」だと、杜甫は言うわけです。

李白は一説に、当時知識人の出世の条件である漢民族ではありませんでした。そして、その後才能が認められて特別に官職を得ても、自由すぎて宦官から貶められ、結局、都の長安を離れ、流浪の生活を送ります。世俗的には不遇の人でした。

ここまで変態、否、天才になる必要はありません。というか、なれません。

しかし、「文章憎命達」。

不幸や逆境を経験すること、そしてそこから何を感じ取れるかは、コンテンツを作る者にとって大切なスキルだと思います。

そして、そうした不幸や逆境の中ででも、あるいはさりげない日常の中にあっても、それを経たからこそ見える、「輝く魅力」を掘り起こしたい。

それが、僕のテレビマン人生を通しての、欲望の2つ目なのです。

③ 観た人の、特に若い人の、行動するきっかけになるメディアでありたい

最後、3つ目です。

①と②のテレビ体験から、自分は就活の中で、テレビを少しだけ意識しはじめました。

これが、まさに③です。

テレビが「何か行動を起こすきっかけ」となるような、若い人の新しい世界を開くようなきっかけに少しでもなればいいな、という欲望です。少しだけ就職でテレビを意識し出した時、自分とテレビの関係を改めて思い出してみて、驚きました。

「自分が選んだ大きな行動」の多くに、テレビが関係していたのです。

ぼくは、中高時代「生物部」だと述べました。それはNHKの『生命40億年〜はるかな旅〜』という番組を観たのがきっかけです。

僕は、李白が好きだと散々述べてきましたが、大学時代のサークルはこれまた、「中国語学習会」という非モテサークルでした。それは、NHKの『大地の子』というドラマと、NHKの『中国　12億人の改革開放』という番組を観て、その2つが描く「中国」という国の、あまりの差、そのあまりの急激な変貌ぶりを目の当たりにし、強い興味を持ったのがきっかけです。

ほぼ人生の選択、テレビかよ、浅はかさ、と、当時は思いました。

でも自分が体験したような、新たな世界を発見できた体験。

そして、その体験が自分の行動を促した体験。

その感動を、ちょっとでも味わってもらえればな、というのがこの③の欲望です。

これは、本当に美味しいレストランを見つけた時に人に教えたくなるあの感覚と、二重の意味で一緒です。

知らない世界や価値観があったら、こんなのあったんだよ、って伝えたい。

そして、自分もそんな体験で人生変わる体験したんだよ、って伝えたい。

その2つの意味です。

ちなみに、いまなら、テレビで体験がかわるのは、浅はかとは思いません。

テレビを作るの、本当に疲れますから。

項目をまたぎましたが、これが、「深く突き刺さる企画」を作るために大切な、「欲望肯定力」です。その中身を、もう一度まとめると、

欲望には、やばすぎる、あるいは下世話すぎな欲望「下」。

それを昇華した「中」。

そして自分が仕事で実現したい欲望である「超」がある。

そして、それを、

(1)「元の欲望→昇華させた欲望」という生成過程を経る
(2) しかし、昇華しすぎない
(3) 仕事（＝コンテンツ）を通じて実現したい価値を加える

という過程でブレンドしていくということです。

(3)を見失わないことで、コンテンツは、単なる興味本位のものではなくなります。

ＰＲだとしても、たんなる押し付けがましい広告に終わらない、心にひびくものになると思います。

これが、「より多くの人に見てもらう」という広さと、「熱心にじーっと目を離さず」見てもらうという「深さ」という、一見矛盾しそうな目的を見据えながらおもしろいものを作るための、コンテンツを作る基本構造なんじゃないかと思います。

テレ東力

「制約」と「批判」を愛して、力に変える

31

より「広く」、しかしより「深く」観てもらえる番組を作るために。

「マルチターゲット」「欲望肯定」「裏切り」。さまざまな武器を実際に体験してもらいながら紹介してきました。これらに共通する「生みの親」。それは、**矛盾**です。


「リラックスして欲しいけど、深くも見られる番組にしたい」

「すっぴんの人妻を見たいけど、それは数字がない」

「人は見慣れたものを好むけど、好奇心もある」


これまで、本書で描いてきた武器の多くは、これらの矛盾を克服するために、いちいち生み出されたものでした。

広く、さまざまな人に観てもらう「マス」を標榜したメディアにいながら、しかし真剣に、グサりと深く突き刺さる番組とは何かを考え続けてきた自分なりの答えです。

「見たことないおもしろさ」を描く技術も、「笑い」を作る技術も、「バランス崩壊」させる技術も、すべて「矛盾」に直面し、やむを得ない局面から「昇華」の道を探り、生

この項は…

- **「ヤバい、就活失敗した……」**
- **就活は成功したけど、「思い通りにいかないこと」が多々ある**
- **「逆境」を乗り越えたい**

人におすすめ

まれてきたものでした。

だからこそ、です。

「矛盾」を発生させる「制約」と、「矛盾」を気づかせる「批判」を愛するべきです。


「制約」と「批判」は、革命の母です。


ここではもはや、長々と具体例は書きません。

しかし、1つだけ言えるとしたら、こう考えるようになったのは、やはりテレビ東京に入ったからだと思います。

そもそも、前項をご覧いただければわかると思いますが、ぼくが「影響を受けた」とあげた番組は、テレビ東京……なんて一個も入ってません。

全部NHKです。

当然、ぼくはNHKに入るはずじゃないですか……この流れは。

おい、NHKどうなってんだよ！ 本当にNHKムカつくわー。早く潰れろ。

……と言いたいんですが、やっぱり、NHK観ちゃいます。おもしろいから。

でもそれは、ぼくだけじゃありません。

テレ東っていうのは、本当に不思議な集団です。

だって、**ほぼ全員、他局落ちてきてる**んですから。

そんな会社ありますか？　**700人近い社員が、全員挫折してきてる企業**なんて。

はっきり言います。最強ですよ。「文章憎命達LOVE」な立場からしたら。

そこには、「挑戦」の2文字しかないんですから。

もはやそれはDNAと言っていいと思います。

「批判」は、どの会社でもいただけるでしょう。

しかし、「制約の多さ」でいうと、テレ東はピカイチです。

開局50周年のとき、『テレビ東京開局50周年特別企画 50年のモヤモヤ映像大放出！』という番組でディレクターを務めた際、先達たちの「挑戦の軌跡」に愕然としたのを、いまでも覚えています。

タイトル通り、テレビ東京が開局したいろいろな番組を振り返ろうという番組でした。

ぼくは、バラエティやスポーツの一部を担当しました。「なんかおもしろい映像ないかなー」と過去の番組を観ていて、この会社の「無邪気さ」に体が震えあがりました。

バラエティでは、たとえば『ニョキニョキ植物王国』なる、植物を、ひたすらブッ撮りしただけの番組がありました。

コーヒーを飲んでいたら吹き出すところでした。

テレビが、写真と異なる最大の強みは、「動き」を見せられるところです。

それなのに、全く動かない植物を、ブッ撮り……。しかもゴールデンです。

この発想には、脱帽しました。

しかし、現実は残酷です。番組はすぐに終了した*ようです。

また、スポーツで何かおもしろい素材がないか探っていた時は、さらなる絶望を味わいました。派手なシーンはないかと、過去の素材をさぐります。やっぱり、懐かし映像として見てもらうには、みんなが知っているほうがいいですから、「オリンピックなんていいかな」と思って過去映像をさぐります。

で、放送していたのは、「競歩」です。

コーヒーを飲んでいたら、思わず口から器にコーヒーを静かに戻すところでした。

それほど地味で、あまりに静かすぎる映像。歩いているんですから。ボールとか使ってくれなくてもいいですから、せめて走ってくらいは……して欲しかった……。

でも、ありました！　走ってる映像が！　いま日本テレビが放送している正月の

*1994年10月から半年で終了。

『箱根駅伝』! じつは、昔はテレ東が放送していたんだそうです。これは当たりの予感。早速素材を取り寄せチェックです。テレ東はしょぼすぎて会社の中に素材の保管場所を設けられず、素材倉庫が北千住にあります。なので、すぐには見られません。

駅伝のたすきを待つ思いで、素材の到着を待っていましたが、テープという名のたすきを受けとった時、もうこの番組は棄権しようかと思いました。

コーヒー飲んでたら、衝撃のあまりいつ飲み干したかわからなかったと思います。だって、スタートしたら、その後は、ところどころダイレクト映像。そして途中がバッサリはしょられて、いきなりゴール手前から映像が再開するんですから。

じつは、テレ東は完全生放送ではなく、生中継はゴール手前だけ。あとは、とった映像を急いで運んで編集していたんです。復路の佳境の一番いいところは、編集が間に合わず、放送できなかったんですね。

この50周年特番は、権太坂*どころか、まだ蒲田あたりのはずなのですが、往路にもかかわらず踏切が閉まって、もうこれ以上先に進めないという絶望的な気分です。

ぼくはディレクター陣の中で一番年上でしたので、一番はじめにそれらの映像を編集して「試写」をしました。演出方法は、「はじめは自由でいいよ」ということでした。

*箱根駅伝第2区の難所。

この番組は、全体の世界観を作る総合演出とプロデューサーが、それぞれ『モヤモヤさまぁ～ず2』の株木さんと伊藤さんでしたので、その世界観をそっくりいただいて、「もやもやポイント」として映像をひたすらいじる、という方向で編集しました。というか、もう、それしかなかったと思います。

ただ、『植物王国』も、「なんとか見たことないものを」という会社の大先輩方の壮絶な努力の賜物ですし、その強い気概はビシビシ伝わってきます。

『箱根駅伝』もそうです。当時、スポーツを担当していた人たちは、必死に録画したテープを運んで、編集していたんだと思います。

「競歩」は、意外とよく観ると、おもしろかった。「走ってはいけない」という枷を自らに課しつつも速さを競うこの競技は、制約の中で常に戦わなければいけない自分、いやすべての人間そのものです……と思います。

そこには確かに、「テレビ東京」が培ってきたノウハウや魂は詰まっていました。

それを学べたのは、とてもよかったと思います。

「挑戦」は、常に「制約」や「矛盾」との戦いです。

動画なのに、植物だから動かない。

スピード競技なのに、走らない。走ったと思ったら、生中継しない。

挑戦の中には、失敗したものも多数あります。

どうにもならないこともたくさんあったと思います。

自分の企画でも失敗したものが多々あります。

しかし、大切なのは、その「制約」や「矛盾」に挑み続けることだと思います。

そして、この50周年記念特番は結果、ギャラクシー賞・月間賞に選ばれました。ぼくは、あくまで1ディレクターとして関わっただけなので、その世界観を作ったのは株木さんと伊藤さんなのですが、その背後には「まったく無名だったものをおもしろく描こう」というテレ東の先輩方のフロンティア精神があり、その積み重ねが、評価されたのだと思います。

「矛盾」への挑戦をあきらめないことは、より多くの人に、より深く味わってもらえるコンテンツ作りへの、十分条件ではありません。

しかし、確実に、必要条件だと思います。

3つの「崩す力」

この本を閉じたあとの、「使い方」について

32

ここまでお読みいただいたみなさま、本当におつかれさまでした。
『1秒でつかむ』、最後の技術です。

ここでは、**本書を「閉じた」あとのこと**を、少し書いておこうと思います。

途中、この本を読み終える前に、この項目を「閉じたくなる瞬間」があるかもしれませんが、あと少しだけ、最後までおつきあいください。本書だけではなく、この先に読むほかの本の読書の仕方にも、大きく関わる問題だからです。

みなさんは、本書を読んで、どのような感想を抱いたでしょうか。
一度立ち止まって、少しだけ考えてみてください。

……

……

この項は…

- **この本をここまで読んでくれた**
- **いま仕事が順風満帆である**
- **入社後さまざまな経験を積んだ中堅以上の**

人におすすめ

どうでしょう。

『1秒でつかむ』のに、500ページってどういうことだよ！！！」

はじめは、そうブチ切れそうになった方も多いと思います。

しかし、ここまで読み終えて、そのブチ切れが収まって、少しでもみなさんの役に立ったと思ってもらえていたら幸いです。「1秒でつかむ」のに、本当に500ページ費やした甲斐のある、いや、500ページ費やす必要がある、濃密な内容であったと。

この本を書くにあたって、まず思ったことは、読んで元気になるだけの「ガソリン系ビジネス書」にとどまるだけにには、絶対にしたくないということでした。

ですから、単なる「説明型」の本ではなく、実際に本書で紹介するスキルを、読みながら体験していける「体験型」の書籍になるよう心がけました。

この本を1冊読めば、染み入るように本書のスキルが身につく。徹底的に実用的な本にしたいと思ったのです。

なぜか。

それは、そんなガソリン系ビジネス書、無意味だからです。

誰にとって無意味なのか。

それは、ぼくにとってです。

ぼくにとって、そんなもん書く意味がないのです。

ここまで、本書を読み進めていただいたみなさんには、ぜひ本書の最後であるこの項で、そしてこれからビジネス書をお読みになる時に、こう思っていただきたい。

「で、おまえがこの本を書く動機はなんなんだよ」と。

本書では、「なぜ?」と動機を徹底的に掘り出すことが大切だ、と述べました。

ぼくが、ガソリン本ではなく、「超実践的な本」にしたいと思った理由。

それは、自分のためです。

どういうことか。つまり、この本の「エッセンス」は誰のために、不眠不休になりながら書いたものかという問題です。

それは、**自分の番組の35人の若手ディレクターのため**に書いたものに、ほかなりません。

自分の番組とは、おもに『家、ついて行ってイイですか？』です。

つまり、自分の番組の仲間に最高のパフォーマンス出してもらうため。これが、この本を書くもっとも根底の動機としてあるのです。だからガソリンになるだけではダメ。読んだ人が、絶対身につく、絶対に「役に立つ本」にしたい！

どんなビジネス本より、その意志が強いんです。

しかし、この本の内容は、テレビ業界以外の方向けのものにもなっています。

その理由を解き明かしながら、話をもう少しだけ続けます。

『家、ついて行ってイイですか？』には、約70人のディレクターがいると述べました。ベテランもいますが、半数は若手のディレクターたちです。この番組の特徴は、若いディレクターがとても多いというところにもあります。

当初は、70人も雇うにはベテランだけでは足りないという理由もありました。しかしやってみたら、さまざまな年齢のディレクターがいることの魅力もわかってきました。たとえば「20代の大学生」を描く場合でも、やはり20代のディレクターと40代のディレクターでは、引き出す魅力がまったく異なります。それぞれの感性で切り取った、別の魅力があるのです。この多様性は、番組の大きな魅力だと思っています。

この番組の最年少のディレクターは、23歳です。「船に住む父と息子」「離婚を後悔する警備員さん」「亡き妻のオルゴール大切にする男」「ペヤングを一気食いする一橋大学生」「亡くなった奥さんを思いながら、犬と暮らすおじいさん」など、笑えるVTRから味わい深いVTRまで、さまざまな人生ドラマをこれまでオンエアしてくれました。

23歳でゴールデンタイム（19～22時）のディレクターをするのも、普通はまずない話です。やはりテレビマンにとって、多くの人に観てもらえる「ゴールデンタイムのディレクターになる」というのは、夢の1つですし、実際ゴールデンで活躍し続けるディレクターというのは、全テレビマンの中でもひと握りです。

ましてやこの番組のロケは、タレントさんなしで、ディレクターカメラ。なので、ディレクターの力がとてもシビアに問われます。

そこで20代前半の彼らに戦ってもらうために、ぼくは番組全体のプロデューサー・演出として、彼らの才能を活かしながらではありますが、超実践的な「武器」を、まずは手渡さねばなりません。

しかし、これは、

超めんどくさいんです。


ぼくは、決していい上司ではないんです。マンガも読まなきゃいけないいし、ちょっと時間あけば趣味の銭湯行きたいし、昼ごはんの時は社内ゴシップも定期的に調査しなきゃいけない。

そして何より35人もの若手ディレクターに「ひとりずつ」、改善点があるたびに「1つずつ」説明していたら、全員にひと通り伝えるまでに1年単位の時間がかかります。

だから、取材や編集のマニュアルでも作ろうかなー。と、思っていました。でも、これまためんどくさいんです。普段の業務もありますから。あー、やんなきゃなー。

そう考えていたところに、ダイヤモンド社書籍編集部の今野良介さんから、「何か、本を出しませんか？」と連絡をいただきました。

なんと、金をもらえてマニュアル作りができる！

これは、渡りに船でした。

ここまで、読んでいただいた読者のみなさんにですから、完全に動機をあけすけにしますよ、いいですね。

ぼくは自分の番組のパフォーマンスを上げるために、金をもらって、「自分の仲間に渡す武器作り」がしたかった。

これが、まず動機の第一歩なんです。

これが、世にあるビジネス本との決定的な違いです。

だから、まずこの本をみなさんにお読みいただくメリットは、圧倒的に身につく実践的な本である、ということです。

別にぼくは、この本を通じて新たなコンサルタント業務を受注しようとか、信者を増やして講演会で金儲けでもしようとか、そんなこと考えてるわけでは一切ないんです。

だから、耳当たりだけはいい、かっこいい効率論を並べたり、何か身についたような気になるだけの虚構を述べる必要が一切ないんです。そんなもの書くのは、ぼくにとって、時間のムダなんです。

自分の「仲間のため」の武器。この動機の出発点が、本気で「読者のみなさんの」武器になるべき本にしようと思った理由です。

しかし、では。

その**本書が向き合っている「読者」とは、誰なのか。**

それは、35人の若手ディレクターではありません。

本書は**企画職や、営業職や、PRや、動画コンテンツ制作や、文章作成や、さまざまな業種のみなさん**にとって、超実践的な武器になるよう書きました。

なぜか。これも、もう本書をここまで読んできていただいたみなさんなら、おわかりいただけるのではないでしょうか。
それは、最高のコンテンツを作るには、「欲望の昇華」が必要だからです。「深夜のすっぴん人妻を見たい」という欲望を昇華して、『家、ついて行ってイイですか？』という番組を作ったように。

「自分の部下のため」（という先にある、「自分がラクするため」）という欲望だけで、「商品」である書籍を作るわけにはいきません。一応ぼくには、商売で売る「番組」という商品を作っているのだ、という矜持もあります。

ですから、この本に詰め込んだ技術は、テレビ以外の業界で応用できるもの。あるいは、テレビ業界の特殊な技術であるものは、テレビ業界での具体例もまじえながら、それ以外の業界でも応用できるように「大切な概念」を抽出してお伝えしています。

「自分の欲望肯定力」のところで、「最高の企画」作りに関して述べたA〜Cという概念がありましたが、あのA（＝自分の欲望）と、C（＝読者の皆さんに役立つこと）をすり合わせたものが本書です。

ちなみにBの強みに関しては、ぼくの強みはやはり、日々「ノンフィクション・ストーリーテリング」というものと向き合っていることなので、この本は、1冊の本を通して、「ストーリー」として楽しみながら、本書の技術を実際に体験できるように作ったつもりです。

さて、通常は本の著者が述べないような赤裸々な「内づら」の告白をなぜ行ったか。

それは、読者のみなさんが、本書を実際に明日から仕事に役立てるためにも、本書以外のビジネス書を読む際にも、この**「著者の動機」を考えながら読む**ということが必須だと思うからです。

多くのビジネス書は、基本的に読者のためになるように書かれていることは、事実だと思います。少なくともダイヤモンド社の本は全部そうだと、信じています。

しかし、どんな本にも絶対に「著者の動機」が隠されています。それを意識せずに、**書いてあることをまるまる自分の仕事（PRも、企画も、営業も、プレゼンも含めての広い意味での「コンテンツ」）にあてはめようとすると、うまくいかない**と思います。

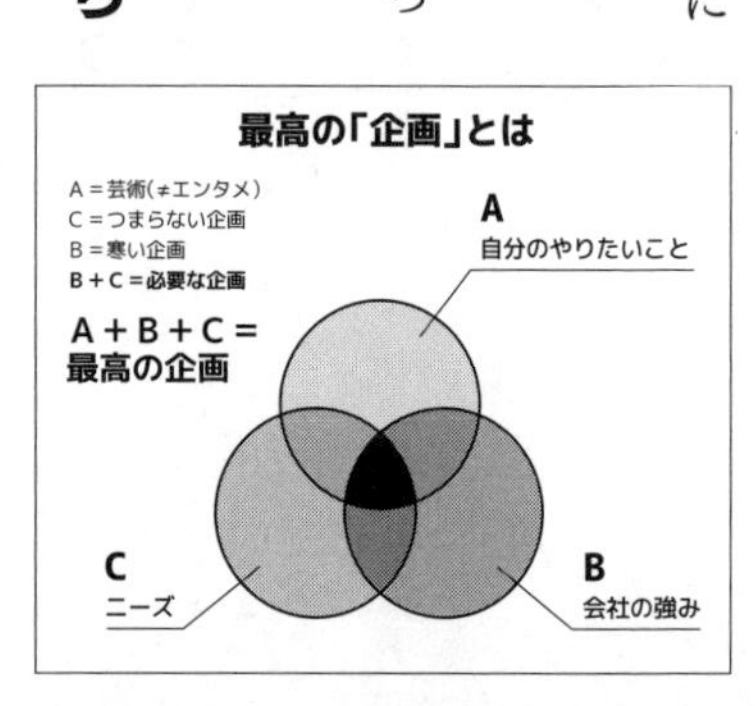

そこで必要になってくるのが、本書最後のテーマ「崩す力」なのです。

魅力的なコンテンツを作るために、本項で説明するこの「崩す力」には、3つの意味があります。

①「応用」する際に崩す力
②「基本」を崩す力
③「自分自身」を崩す力

①「応用」する際に崩す力

まさに本書を、実際に仕事に応用するときに大切な技術です。

違う業界で生み出された技術を、自分の業界に応用することが、強力な武器になることはすでに述べました。しかし、そのまま導入してしまっては、失敗します。

1つだけ、僕の中での失敗例を述べさせてください。

以前、『ウソのような本当の瞬間！　30秒後に絶対見られるTV』というゴールデンの2時間番組を作っていました。

これは、「さまざまな『衝撃の瞬間』を30秒後にはみせよう」というコンセプトの、「スピード感のある演出」をキモにすえていました。

ぼくは2005年入社です。2005年というのは、YouTubeが登場した年。社歴のすべてを、このYouTubeを始めとするネット動画が台頭してくる過程を横目に見ながら、テレビ業界で映像を作り続けてきました。

ネット動画の最大の特徴は、なんといってもテンポの良さです。小さなスマホでも見ていて苦痛に感じないよう、1つずつのコンテンツのテンポが非常に早い。

ですから、多少ネタが弱くても、飽きずに観ていられます。意味がなくても、映像に一瞬インパクトがあれば観ていられます。

そして、19時台というゴールデンタイムの前半において、大きなターゲット層である子どもやティーン層は、こうした動画のテンポにどんどん慣れてきている。

2012年に特番として始まったこの番組は、まさにそんな「ネット動画」で進化した「テンポの良さ」を、演出のキモにすえて作った番組でした。

「スイカを輪ゴムで割る瞬間」「世界の奇祭」「不思議な化学実験」。

それまで自分たちがテレビ番組を作る際に重視してきた、その現象が起こる「理由」や「意味」を、最小限にとどめてなるべくカットし、さまざまなものをテンポよく見せていきました。

すると、子どもやティーン層から支持を得て高視聴率に。「U－64*」と言われる若年層の視聴層が、テレビ東京の中ではもっとも高い番組の1つとなりました。

特番を7回やって、ついにレギュラー化。そしてその後も高視聴率。それまでずっと演歌を放送していた大晦日のゴールデンタイムで、数十年ぶりに、演歌以外のコンテンツとして放送することにもなりました。

＊64歳以下の視聴率のこと

しかし、まもなく、あっけなく番組は終わります。

一番の理由は、完全に、ネタ不足です。

この番組を担当してくれていた演出家やディレクター、放送作家陣は、本当に優秀な方たちばかりでした。なんていうことのない映像を、逆再生したり、早送りしたりして、さまざまな方法でおもしろく見せようと頑張りました。

中盤からは、トランプマンという往年のマジシャンにホームセンターにあるものだけで手品をしてもらったり、軽トラを風呂に改造して絶景の場所で風呂に入るなど、なんとか尺を稼げるものを作ろうと頑張りましたが、1年半を過ぎた頃から、どんどん視聴率が下がり始めたのです。

ネット動画に匹敵する短尺のテンポで動画を作っていったら、2時間で数十個の動画が必要となります。それが続かなかったのです。

「ネット動画」という特殊性の中で生まれ進化していったスキルを、テレビ業界に持ち込んだことは、確かに武器になりました。「見たことないおもしろさ」があったのは、確かです。

しかし、そのまま持ち込んだだけでは、テレビというメディアの特殊性に対応できず、あっけなく終了してしまったのです。そして、この「特殊性」というのは、必ずすべての業界に存在します。

ここでいうテレビの特殊性とは、毎週2時間という尺を作らなければならないこと。そして、2時間という番組を観てくれる人の中には、たしかに出たり入ったりする人もいますが、2時間通して観てくれる人もいます。

そうした人にとって、あまり「意味」を追求することはないテンポのよい動画は、はじめは目新しかったかもしれませんが、レギュラー放送となりしばらくたって、その目新しさがなくなった時、「来週も観よう」と思わせる魅力には欠けていたのかもしれない。そう、今は思います。

先述した、「数学」を「経済の理論」に持ち込み、現代金融工学の先駆けと言われた「ブラック・ショールズ方程式」で1997年にノーベル経済学賞を受賞したマイロン・ショールズも、自らの金融工学を実践するためロングターム・キャピタル・マネジメント（LTCM）という巨大ヘッジファンドを経営していました。はじめは驚異の運用益をたたき出しますが、受賞翌年、46億ドルという空前絶後の損失を出して超ド級の破綻。

原因の1つは、ロシアの債務不履行でした。「数学」の世界では、ロシアが約束破るなんて、思っていなかった……。でも、あっさり債務不履行する、おそロシア。「数学」と「実際の経済」のルール（＝特殊性）は、違ったのです。

ことほどさように。

あらゆる書籍も、そこに書かれている「スキル」を自分の仕事に応用することは、強い武器にはなると思います。

しかしその際には、それを自分の業界に、あるいは同じ業界の著者が書いた本でさえ、自分の仕事の環境に、うまくなじませて「応用」させようという目線をしっかり持たねば、失敗してしまうと思います。

これが、ここでいう①の「崩す力」です。

そして「どう応用させるか？」「どの技術だけを適用させるか？」を考える際の羅針盤となるのが、「著者の動機分析」なのです。

出発点は「ぼくがラクをしたい」というところからスタートしている本書は、すべてぼく自身がテレビ作りの現場から得てきた「スキル」に立脚しています。

それらは「バランス崩壊力」や「マルチ・ターゲット力」のように、比較的すぐ使えるものもあります。

一方、さまざまな業界にあてはまるよう「大切な概念」を抽出しながら紹介しているものもあると述べました。「不幸ＬＯＶＥ」力や「矛盾する本能」解決力などが、そうかもしれません。それらはうまく「崩して」、それぞれの職場に応用させるという意識をもって、利用してもらえると良いと思います。

その中の一手段ですが、そうしたスキルに、自分が自分の職業を通じて実現したい価値を注入しながら応用していくのも、よいと思います。そして、

②「基本」を崩す力

です。そうやって、さまざまなものから応用して習得したスキルが自分の中で身についたら、あくまでそれは「基本」と捉え直す作業をすることが大切だ、ということです。

本書では、1秒も飽きずに興味を持って見てもらうために大切なことは、「裏切り力」であると述べました。本書に書いてあることは、すべて「基本」です。なかでも、特に注意してほしいところには、本文でも要所要所、「基本的には」という文言を入れておきました。

本書のスキルは、読んで体験してもらい、身についた時点ですでに「基本」にすぎない、という意識を忘れずに利用していくことが大切だと思います。

ぼくが『家、ついて行ってイイですか？』で70人のディレクターさんたちのＶＴＲを観ていて一番興奮するのは、やはり普段ぼくがディレクターさんたちにお願いしていること――すなわちそれは、本書に書いてあるスキルそのものですが――を、裏切って、新たな魅力を描いてきてくれた時です。

長く活躍するベテランのディレクターはみな、常にそうした「基本を裏切ってやろう！」ということに貪欲だと思います。そして、それを見た若手が感動し、まねるようになる。すると次第にそれも「典型」に組み込まれ、さらなる「裏切り」を探していく。

そうやって、どんどん演出手法が蓄積され、それが強みになっていきます。

ですから、つねに基本に執着することなく、それを完全に習得したと思ったら、「いかに崩すか」を考えて裏切るべきです。だからこそ、

③「自分自身」を崩す力

これが必要です。

ぼく自身も、常に自分の「原則」を崩していかないといけないと思っています。失敗

することも多々ありますが、その努力をやめた時点で「作り手終了」です。

この書籍を書いたもう1つの動機は、もう一度、自分の思考を整理するためでもありました。


自分は、何を考え番組を作っているのか。

自分は、どんな技術を用いて番組を作っているのか。


本書では現時点での、すべてを出し切ったつもりです。

ぼく自身にとって、ここに書いたすべての技術は、引き続きその力を借りながらも、「どう崩していくか」という研究の対象でもあります。

ですから、読者のみなさんにテレビでお会いできる際には、常に「新しいおもしろさ」を提示し、「1秒も飽きずに観てもらえる」ように、本書に書いた原則を、時にブチ壊しながら番組を作っていこうと思います。

ぜひ、チャンネルは「7」で、よろしくお願いいたします。

おわりに

２０１８年4月27日、まだお会いしたことのないダイヤモンド社の今野良介さんから、知人経由でメールがきました。

なんと、50行でした。

はじめまして。ダイヤモンド社という出版社で、ビジネス書籍を作っている今野良介と申します。

私は「文章」や「言語表現」をテーマにした本を生涯作り続けると決めている書籍編集者で、大学時代に小説を書いたり旅をしながら民俗学的なインタビューの魅力にかぶれ、今一番好きなテレビ番組は『家、ついて行ってイイですか?』で、『TVディレクターの演出術』と『敗者の読書術』*を読んで、これを書いています。「おもしろく伝える」というコンセプトの書籍を、ぜひ高橋さんと一緒に作りたく

*この2冊はぼくが以前書いた本です。

て、ご連絡しました。裏テーマは「TVプロデューサーがビジネス書を演出したらどうなるか？」です。

私はビジネス書を作っていますが、ビジネス書をほとんど読みません。市場が縮小する中で「売れるビジネス書の作り方」がどんどんフォーマット化されて、新しいおもしろさを感じられなくなったからです。

編集者としても、フォーマットに則って本を作る息苦しさや、正しいこともおもしろくできないと伝わらないもどかしさを感じていて、今制作中の本も「おもしろい読書体験の演出」を意識して苦闘しています。

『家、ついて行ってイイですか？』が大好きで、毎回録画して家族で観ています。「市井の人のドラマ」みたいなものが元々好きなのですが、それにしてもなんでこんなおもしろいのかと思って『敗者の読書術』を読んだら、茶の湯の世界観に基づいてバラエティの王道の逆説を突きまくって作っていらっしゃることを知り、衝撃を受けました。

私は、その高橋さんの演出力を、書籍上で発揮していただきたいのです。テーマそのものを「おもしろく伝える」に置きつつ、作り方も既存の書籍のフォーマットに縛られず、「おもしろい読書体験」を読者に味わってもらえる本が作りたいです。普段ビジネス書を読まない人にこそ、「おもしろい」と思ってもらえるような本が作りたい。

（中略!!!!）

お忙しいところかと存じますが、ほんの少しでも興味を持ってくだされば、一度お会いして、ご相談させていただけないでしょうか。
ご検討のほど、どうかよろしくお願いいたします。

今野良介

いや、本当に熱い人です。

なぜ、メールをさらしたか。3つの理由があります。

1つには、普段見られないものを見るって楽しいな、と思うからです。ビジネス書っていうのは、こういう編集者の方の熱い思いがあってこそ、生まれるんだと思います。

2つめには、本の楽しみ方として、「編集者」というキーワードで読書をつなげていくのも面白いんじゃないかな、と思うからです。

ぼくは「市井の人」の人生に興味があります。今野良介。1984年生まれの34歳。『クレーム対応「完全撃退」マニュアル』『落とされない小論文』『超スピード文章術』『だから、また行きたくなる。』『システムを「外注」するときに読む本』などを編集。気持ち悪いくらいのaiko好き。彼がnoteというサイトに書き込んでいるライブ直後の時期に書いた112行にわたるaikoへの思いは、もはや狂気の沙汰です。

読者のみなさんの中でも、コンテンツ作りに携わろうとしている若い読者の方は、「編集者」に注目して、その方が編集している歴代の本や著者を見渡して、そこにはどんな意図が潜んでいるのか。そんなことを考えるのも、楽しいだけでなく、実践的な勉強になるかもしれません。

本書は、映像作品だけは、プロとしての立場から、もし観ていただければそれだけの価値のあるものなら、マイナーな作品も紹介しました。しかしその他では、なるべく用例には、教科書や大学の授業で習うものや、大ヒットした映画などを用いました。

物事の魅力を引き出すためには「観察」が重要ですが、特別なことをする必要は必ずしもないのです。学校で習うことを一歩踏み込んで味わう。普段の仕事で接する情報に一歩深く切り込んで観察する。ふだん消費するコンテンツを一歩踏みこんで調べてみる。日常生活の中で接する情報に、どう深く切り込んで観察していくか、それが重要なのだと思います。

そして、3つめ。これは本書を書こうと思った動機に関わるからです。

正直、本業が忙しすぎて、執筆をお願いされたものの、やはり躊躇はしました。でも、こんな熱い思いをぶつけられたら、やっぱり書くしかありません。見ず知らずの人に50行のメールを送りつけるなんて、どうかしてます。

だからこそ、ぼくも全力でそれに応えようと思いました。とりあえず、持てるものはすべて出しました。やはり、最後に人の心をうつのは、その職業を通して何をなしとげたいか、という思いなのではないでしょうか。本書の武器を身につけたら、読者の皆さんには、ぜひみなさんの「思い」の実現のために使っていただければなと思います。

奇しくも今野さんがお願いしてきた「おもしろく伝える」「おもしろい読書体験」という言葉は、まさにぼくが番組作りでこだわっている、「エンターテインメント性」や「体験するストーリー」という点と、まったく合致していました。

その2点は、ぼくもコンテンツ作りにおいて強く思うところなので、自分の考えをより整理する目的も含め、本書の執筆をすることにしました。

改めて編集の今野さん、本当にありがとうございました。さまざまな叱咤激励と示唆と酔っ払ってる時に送ってきていると思われるメールを、今野さんからはいただきました。まさかの大量入稿でスケジュールが崩れてご迷惑をおかけした、奥様と娘さんも本当にありがとうございました。七五三、行けたかな。

本書を素敵に仕上げてくださったデザイナー・杉山健太郎さん、DTP・桜井淳さん、校正・加藤義廣さん、イラスト・つぼゆりさんも、本当にありがとうございました。

また、今まで一緒にテレビを作ってきてくださった、制作会社やフリーのディレクター・プロデューサーのみなさん、放送作家のみなさん、そして編集所や技術スタッフのみなさん、芸能事務所、タレントのみなさんも本当にいつもありがとうございます。

みなさんのおかげで、いい番組が作れているのだと、今回本書を書きながら改めて思いました。ダメなところだらけで、ご迷惑をかけてばかりなのに、いつも助けてくださり本当にありがとうございます。

そして、現在『家、ついて行ってイイですか?』を一緒に作っていただいている、ホールマン、ロジックエンターテインメント、キャップストーン、BOマーズ、ハイボール、日経映像、アントラッシュ、アップフィールドの各社にお礼を述べたいと思います。そして、その各社とフリーあわせて70名のディレクターのみなさん、そして30名ほどのADのみなさんも本当にありがとうございます。この番組は、暑い日も寒い日も頑張って終電後の街に繰り出してくれる、この方たちのおかげで成り立っています。読者のみなさま、番組を観ることがありましたら、たまにはエンドロールを見てくださると、より楽しめます。「あ、またこの人のVTRだ」などと。

そして、いままでの番組作りで取材を受けてくださったすべての方、ご協力をいただいた方にもお礼を申し上げます。中には私の至らなさで、ご迷惑をかけたスタッフや取材先の方も多くいます。大変申し訳ない思いです。ぼくの制作人生は本当にいろいろな方の支えで成り立っています。

だから、日々地道に頑張って、少しでも多くの視聴者のみなさんにより良いコンテンツを届けられるよう、尽力していければと思います。

そして、そんなぼくの仕事を、育児をしながら支えてくれた妻のちひろさんと、いつも寝顔で癒してくれた実くん、ありがとう！　誕生日、半分白目向いててすみません。

最後に、いつも番組をご覧になってくださっている視聴者のみなさま、そして本書を手にとっていただいた読者のみなさま、本当にありがとうございます。これからも、みなさんにもっと楽しんでいただけるテレビ作りを、目指していければなと思います。

そしてもし、終電後の駅で番組のクルーに『家、ついて行ってイイですか？』と聞かれることがあったら、なにとぞご快諾いただけますと幸いです！

2018年11月24日　ちひろさんと実くんから、特別に休日に働く許可を得て

高橋弘樹

［著者］
高橋弘樹（たかはし・ひろき）
1981年東京生まれ。早稲田大学政治経済学部卒業。2005年テレビ東京入社。入社以来13年、制作局でドキュメント・バラエティーなどを制作する。
プロデューサー・演出を担当する『家、ついて行ってイイですか？』では、ひたすら「市井の人」を取り上げ、これまでに600人以上の全くの一般人の「人生ドラマ」を描き続ける。これまでに『吉木りさに怒られたい』『ジョージ・ポットマンの平成史』『パシれ！秘境へリコプター』などでプロデューサー・演出を、『TVチャンピオン』『空から日本を見てみよう』『世界ナゼそこに？日本人』『所さんの学校では教えてくれないそこんトコロ！』などでディレクターを務める。
カメラマン、脚本、編集も兼任し、書いた脚本は約2000ページ、ロケ本数300回以上、編集500本以上。ネット配信連動番組『「人生を諦める技術」講座』、PR連動の電通Friend-Ship Project『嫌いな人を好きになる方法』、SNS連動番組『大正生まれだけど質問ある？』、ドラマ『文豪の食彩』（文化庁芸術祭参加作品）などで、脚本・演出・プロデューサーを担当する。著書に『ＴＶディレクターの演出術』（筑摩書房）、『敗者の読書術』（主婦の友社）などがある。

1秒でつかむ
――「見たことないおもしろさ」で最後まで飽きさせない32の技術

2018年12月19日　第１刷発行
2022年８月30日　第３刷発行

著　者――高橋弘樹
発行所――ダイヤモンド社
〒150-8409　東京都渋谷区神宮前6-12-17
https://www.diamond.co.jp/
電話／03･5778･7233（編集）　03･5778･7240（販売）

ブックデザイン―杉山健太郎
本文イラスト――つぼゆり
校　正――――加藤義廣(小柳商店)
本文ＤＴＰ―――桜井 淳
製作進行――ダイヤモンド・グラフィック社
印刷――――八光印刷(本文)・加藤文明社(カバー)
製本――――ブックアート
編集担当――今野良介

ISBN 978-4-478-10647-1